裂隙岩体开挖渗流原理及工程应用

吴祖松　王元清　黄　锋　刘新荣　著

北京理工大学出版社
BEIJING INSTITUTE OF TECHNOLOGY PRESS

内 容 简 介

本书将理论与工程应用实践紧密结合，对地下水的存在形式、裂隙岩体渗流试验、数值计算软件在工程分析中的应用，以及隧道防排水技术作了详细分析和介绍。本书共分九章，逻辑严密，语言通俗易懂，论述由浅入深，并在数值分析方法的章节，通过例题的形式对相关计算方法进行了介绍，具有一定的针对性，且例题内容翔实，便于自学。

本书主要针对具有一定专业基础的专业技术人员而编写，适合相关专业技术人员在分析裂隙岩体渗流稳定时参考。

版权专有　侵权必究

图书在版编目（CIP）数据

裂隙岩体开挖渗流原理及工程应用／吴祖松等著. —北京：北京理工大学出版社，2020. 6

ISBN 978-7-5682-8560-5

Ⅰ. ①裂… Ⅱ. ①吴… Ⅲ. ①裂缝（岩石）-岩体-裂缝渗流-研究 Ⅳ. ①TE357

中国版本图书馆 CIP 数据核字（2020）第 097999 号

出版发行／	北京理工大学出版社有限责任公司
社　　址／	北京市海淀区中关村南大街 5 号
邮　　编／	100081
电　　话／	(010) 68914775（总编室）
	(010) 82562903（教材售后服务热线）
	(010) 68948351（其他图书服务热线）
网　　址／	http：//www.bitpress.com.cn
经　　销／	全国各地新华书店
印　　刷／	唐山富达印务有限公司
开　　本／	787 毫米×1092 毫米　1/16
印　　张／	12.25
字　　数／	252 千字
版　　次／	2020 年 6 月第 1 版　2020 年 6 月第 1 次印刷
定　　价／	68.00 元

责任编辑／张旭莉

文案编辑／赵　轩

责任校对／刘亚男

责任印制／李志强

图书出现印装质量问题，请拨打售后服务热线，本社负责调换

前　言

随着我国交通基础设施建设的发展，隧道及边坡工程在交通基础设施建设中的地位越来越重要，特别在山区公路工程中，隧道率一般为 25% ~ 35%，局部路段可以达到 50%，这推动了隧道工程技术的快速发展，同时，岩质边坡在维护路基稳定和边坡安全方面的作用也非常突出。为了满足交通建设新形势的需要，并推动隧道工程技术水平的不断提高，著者结合我国隧道建设实际，在裂隙岩体渗流理论、裂隙岩体卸荷渗流力学模型试验、裂隙岩体渗流的数值模拟方法及渗流条件下裂隙岩体的处治技术等知识的基础上著写了本书，以满足长期从事隧道及边坡设计、施工及灾害防治技术人员的需要，同时也可作为公路工程、桥梁隧道工程，以及地下工程等相关专业大中专、高职在校师生的参考用书。

本书从隧道工程技术人员的角度出发，充分分析了裂隙岩体渗流特性及原理，详细阐明了富水及岩溶地区隧道和边坡渗流分析方法、灾害治理要点和措施，突出了"实用性、先进性、可操作性和示范意义"的原则，力求反映现代隧道工程设计和施工的新技术、新工艺，以满足新时期人才培养和专业方面的需求。

本书在内容上力求结构合理，基于裂隙岩体的渗流特性和原理，从模型试验、数值分析及处治方法上对裂隙岩体的渗流分析方法和处治技术进行深入阐述，论述的重点主要包括岩体渗流理论基础，裂隙岩体卸荷渗流力学模型及试验，有限元、离散元及不连续变形数值计算方法在隧道裂隙岩体渗流分析中的应用，岩溶隧道及边坡在渗流作用下的处治措施及方法，本书内容共分为九章，每章内容重点突出，且前后章节之间逻辑严密。

本书参考了较多的书籍和文献，在此，谨向这些文献资料的作者表示衷心的感谢！同时，感谢重庆交通大学的山区桥梁及隧道工程国家重点实验室在本书成稿过程中提供的大力支持！

由于著者的水平和能力有限，书中难免有不当或疏漏之处，恳请各位同行、专家不吝赐教、批评指正。

著　者

目　录

第一章

绪　论

　　社会发展对交通基础设施建设不断提出的新要求推动了岩土工程学科的发展。在交通基础设施建设中，隧道朝着长大方向发展，穿越地层的工程地质条件和水文地质条件复杂多变，多种疑难地质问题层出不穷，其中地下水渗流引起的工程问题便是隧道建设过程中常见的、难以解决的积弊；边坡作为交通工程的重要子项工程，渗流作用导致的边坡坍塌、失稳等工程灾害时有发生。因此，渗流稳定性问题是交通基础设施建设及科技工作者研究的重点和难点。

1.1　渗流对岩体开挖稳定性的影响

　　岩体由结构体和结构面组成，其渗流特征和稳定性影响因素复杂，其中包括工程地质因素和水文地质因素两大类，工程地质因素起主导作用，而水文地质因素对工程地质因素起到弱化或降低的作用，如地下水降低了结构体和结构面的强度，使得岩体的整体稳定性受到影响等。岩体受渗流影响时，结构面是岩体的主要渗流通道，而结构体可以认为是不透水介质，因此结构面的分布形态直接影响岩体渗流的各向异性，结构面的开度和密度等直接影响渗透系数的大小及渗流分析模型的选取。而岩体开挖后，其初始工程地质条件和水文地质条件受到破坏，如岩体初始应力状态被破坏和次生岩体裂隙面增多等，使得岩体的渗流特性受到严重影响。

　　隧道开挖后，其受渗流控制的因素主要为：①裂隙带高度与含水岩体至洞室顶板间距的比值；②每延米洞长洞室围岩张开裂隙的平均数量；③每延米洞长洞室围岩断层等破碎带的平均宽度；④洞室围岩上覆相对隔水层强度；⑤上覆含水体富水性；⑥洞室上覆含水体水压；⑦洞室埋置深度；⑧裸洞挖掘方式及施工技术水准；⑨洞室的间距。相关研究表明，每延米洞长洞室围岩断层等破碎带的平均宽度、上覆含水体富水性、每延米洞长洞室围岩张开裂隙的平均数量、裂隙带高度与含水岩体至洞室顶板间距的比值、洞室上覆含水体水压这 5 个因素对裂隙围岩渗流控制的影响较大。也就是说，这 5 个因素对隧道开挖后围岩的渗流起主要影响作用，而其他因素直接或间接地影响着这 5 个因素。如果排除裂隙围岩中断层破碎带这个非人为因素的作用，那么一般围岩渗流控制因素的最主要影响因素就是上覆含水体的富水性和每延米洞长洞室围岩张开裂隙的平均数量，而隧道开挖技术的好坏将直接影响到张开裂隙的性质。从这个意义上说，岩体的开挖渗流作用将对岩体的稳定性带来重要影响。这些研究成果为保护隧道施工过程中受渗流影响的围岩稳定性提供了依据。

岩体边坡的稳定和裂隙围岩的稳定一样，主要受结构面的控制，结构体本身的强度等物理力学参数的影响为次要因素。在渗流条件下，边坡稳定受到渗流作用的威胁。常见边坡渗流失稳破坏主要受降雨渗流的影响，降雨的强度不一样，边坡的稳定性也不一样，因为降雨强度不同会直接影响到边坡岩体饱和与非饱和区的变化，从而影响边坡岩体的渗流场，使得边坡破坏呈现出不同的形式；而常态地下水渗流的影响主要发生在水源补给稳定的地区，如水电站、蓄水池和河流堤坝等出现的滑坡问题。

岩体开挖后，由于卸荷作用使得岩体内存在卸荷区域，其尺寸大小由揭露面或卸荷范围确定。在卸荷区域内，岩体节理或裂隙面的密度增加，节理连通性增强，而且由于卸荷影响岩体内的力学平衡，使得岩体在卸荷作用下表现出极不稳定状态。卸荷后，岩体裂隙率、裂隙开度发生了很大变化，岩体渗透率也随之发生明显的变化，因此，岩体的卸荷渗流特性较原岩渗流特性有明显的不同，使得卸荷渗流作用严重威胁岩体边坡的稳定性。

1.2　岩体开挖渗流的主要问题

岩体的开挖渗流问题，主要就是裂隙岩体的渗流问题和岩体的卸荷渗流问题。岩体开挖后，其原始裂隙的几何特征受到了影响，影响的程度与开挖技术和方法有关，裂隙的几何特征主要包括裂隙的开度、密度、延伸程度等，这些因素的变化直接影响到裂隙岩体的渗流特征；同时，岩体的初始应力状态受到破坏，根据岩体的渗透系数受到裂隙的开度等因素的影响可知，岩体的应力状态间接影响到岩体的渗流特征。

1.2.1　岩体裂隙应力渗流模型

20 世纪 60 年代，J. Bellier 采用连续介质力学的方法，对完整岩石试件的渗流进行了研究。试件高 150 mm，直径 60 mm，沿轴向钻一长 100 mm、直径 12 mm 的小孔。实验采用两种方法进行，一种是采用加内水压力来测量渗透系数；另一种为加外水压力来测量渗透系数。由于两种方式对试件的作用不同，使得当内水压力为 0.1 MPa 时所测得的渗透系数 K 与外水压力 p 为 5 MPa 时所测得的渗透系数之比，可相差 100 倍，该实验说明岩体中应力状态对渗透系数有很大的影响，如图 1.1 所示。

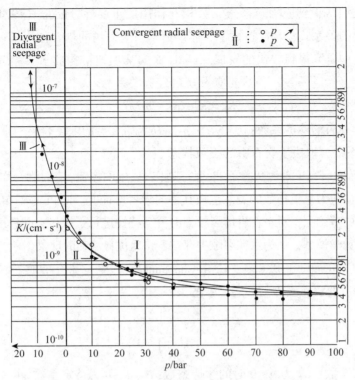

图 1.1   完整岩石径向加载、卸荷渗流

　　由于完整岩石试件的渗透系数很小，无法反映岩体中裂隙渗流作用，因此许多学者引用立方定律对单裂隙渗流进行了研究，并用平行板实验进行了验证。20 世纪 70 年代，许多学者直接在岩石试件上形成裂隙研究渗流规律。对于岩体单裂隙渗透系数的实验研究主要采用 3 种方式：径向流、轴向流和四象限流。Iwai 等（1976）采用径向流研究岩体裂隙的渗流；Jones 等（1975）采用轴向流方式对岩体裂隙进行了研究。与径向流相比，轴向流的水头分布更加均匀，3 种测试方式的示意图如图 1.2 所示。

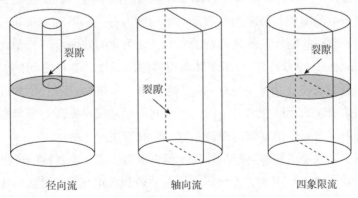

图 1.2   3 种测试方式示意图

Snow（1965）和 Romm（1966）提出了岩体裂隙的渗透张量之后，随着研究的深入和学科的交叉，人们认识到应力与渗透系数相互作用的重要性。Louis（1974）提出了法向应力与渗透系数的关系式，首次探讨了岩体渗流场与应力场的耦合作用机理，之后，岩体应力场与渗流场的研究得到较快的发展。Louis 根据某坝址钻孔抽水实验资料分析，得到的裂隙渗透系数（渗透系数）与法向应力 σ 的经验关系为

$$K_f = K_f^0 \exp(-a\sigma) \tag{1.1}$$

式中：K_f^0 为 $\sigma = 0$ 时的渗透系数；$\sigma = \gamma H - p$，γH 为研究点的上覆岩层的重量，p 为孔隙水压力；a 为经验系数，取决于岩石中的裂隙状态。

式（1.1）首次研究了自然状态下非线性破坏岩体中的渗流-应力耦合作用，Louis 提出的渗透系数和法向应力呈负指数的关系也被其他的学者所证实。K. Pruess、B. Faybishenko 等在野外试验观察的基础上，对水在岩体裂隙中的流动特性进行了探讨，并针对不同的地质条件建立了不同的数学模型，认为水在裂隙中存在着快速优势流动的现象。

Kelsall、P. C. Kesall、J. B. Cass、C. R. Chabannes（1984）研究了地下洞室开挖后渗透系数的变化，导出的法向应力与渗透系数的关系为

$$K_f = K_f^0 \frac{1}{\left[A\left(\dfrac{\sigma}{\xi}\right)^a + 1\right]^3} \tag{1.2}$$

式中：K_f 为渗透系数；K_f^0 为 $\sigma = 0$ 时的渗透系数；ξ、A、a 为待定系数。

由式（1.2）可知，开挖状态下，渗透系数并非与法向应力呈负指数关系，并且认为导致渗透变化的原因主要有：①应力重新分布，使致密岩石裂隙化；②开挖引起作用于围岩中的天然应力改变，使已有裂隙张开或闭合；③开挖引起的应力释放，导致原生晶面松弛等。

Oda（1986）用裂隙几何张量来统一表达岩体渗流与变形的关系，讨论了等效连续介质模型的应力与应变关系。Erichsen（1987）根据岩体裂隙剪切变形，建立了应力与裂隙渗流之间的耦合关系。

Jakubick、Franz（1993）在对裂隙岩体中开挖隧道后渗透系数变化研究的基础上，认为岩体裂隙渗透系数的增加与裂隙面参数及原始地应力有关。Pyrak-Nolte、Morris（2000）对在力作用下的单裂隙的刚度及流量进行了研究，认为单裂隙刚度与流量之间的关系较为复杂。A. Gudmundsson（2000）研究了流体与单裂隙的长度、宽度之间的关系，认为立方定律适用范围在裂隙长宽比为 8～1 000 这个范围内。B. Indraratna、G. Ranjith 等（2003）为了研究矿井开采引起的瓦斯与水突出的问题，利用三轴仪对高压力下单裂隙的二相流进行研究，认为法向应力对于单裂隙的渗系数变化起着决定性的作用。

在国内，对于裂隙渗流的研究起步较晚，但也取得了很多创新性的成果。

刘继山（1987、1988）用实验方法研究了单裂隙和两正交裂隙受法向应力作用时的渗流公式；对于单裂隙，渗透系数公式为

$$K_f = \frac{\gamma}{12\mu} u_{f0} \cdot \exp\left[\frac{\gamma \cdot H_0}{2K_n \ln(R/r_0)}\right] \cdot \exp\left(-\frac{2\sigma}{K_n}\right) \tag{1.3}$$

式中：u_{f0} 为结构面最大压缩变形量；K_n 为结构面当量闭合刚度；H_0 为压水井中稳定水头；R 为影响半径；r_0 为压水井半径；σ 为结构面上的法向应力；γ 为水的容重。

郭雪莽（1990）认为，对于层状裂隙岩体，在单轴应力作用下，渗透系数与岩体法向应变之间的关系为

$$K_e = K_0 \left[1 - \frac{\varepsilon_n}{a(1 + \beta)} \right]^2 \tag{1.4}$$

式中：K_0 为在初始应力 σ_0 下的渗透系数；$a = \dfrac{e_0}{S}$，$\beta = \dfrac{K_n S}{E}$，e_0 为初始隙宽，S 为裂隙间距，K_n 裂隙法向刚度，E 为弹性模量；ε_n 为法向应变。

裂隙渗流与应力耦合作用的本质是渗透系数与结构面变形之间的关系，结构面所受的法向应力对于开度的影响将会由渗透系数体现出来。

仵彦卿（1995）通过某水电工程岩体渗流与应力关系实验，得出了岩体裂隙渗透系数与法向应力之间的关系，即

$$K = K_f^0 \sigma_c^D \tag{1.5}$$

式中：K_f^0 为法向应力 $\sigma = 0$ 时的渗透系数，D 为待定系数，表示裂隙分布的分维数。

窦铁生、陶振宇（1994、1995）对压剪作用下的裂隙岩体的水力学特性进行了初步研究，认为岩体裂隙的开度对其所受的应力极端敏感，岩体的渗透性与岩体的应力有密切的关系；但同时也认为，由于裂隙岩体介质本身的形成过程、几何特性及力学行为的复杂性，还有许多的问题需要进一步的研究。周瑞光等（1996）对金川露天矿 F_1 断层泥和水岩相互作用下的破坏特征进行了研究，采用三轴剪应力仪对断层泥进行了不同含水量的试验，认为断层泥的破坏与含水量、围压及作用时间三者有着密切的联系，并得到了在相同的含水量条件下，随着围压的增加，破坏面与主应力方向夹角逐渐增加的结论。耿克勤等（1996）探讨了岩体裂隙渗透系数与应变、应力的关系，根据岩体裂隙渗流试验结果，采用机械隙宽的概念并根据裂隙岩体的力学本构关系，导出了含一组或多组裂隙岩体的等效渗透系数与复杂应变的耦合关系式。

郑少河等（1999）用三轴仪对单一贯通裂隙岩石试件进行了试验研究，认为天然单裂隙渗透系数与等效法向应力之间存在幂指数关系，为

$$K_f = K_0 \sigma_{ne}^a = K_0 \left[\sigma_2 - \mu (\sigma_1 + \sigma_3) - p \right]^{-a} \tag{1.6}$$

式中：K_f 为天然单裂隙渗透系数；K_0 为常数；σ_1、σ_2、σ_3 为3个法向应力，其中，σ_2 垂直于裂隙面，σ_1、σ_3 平行于裂隙；μ 为泊松比；p 为裂隙水压力；a 为系数，取决于裂隙面的粗糙度。

郑少河等认为，在三向应力作用下，垂直于裂隙面的应力对裂隙岩体的渗流特性起主导作用，渗透系数随垂直裂隙面应力的增加而迅速减小。赵阳升（1994、1999）在试验的基础上，提出了块裂岩石的流体力学，对于试验材料采用劈裂试验方式形成岩样渗流裂隙，以模拟张性裂隙性态，该法相当于研究了裂隙与围压垂直时的情况。在试验研究的基础上，赵阳升认为，三维应力场对裂隙渗流有显著的影响，即低应力状态下，渗流较快，

表现为显著的裂缝渗流；中应力状态下，表现为孔隙、微裂缝的渗流特征；高应力状态下，即使是裂缝也完全不渗透。

刘才华、陈从新等（2002）对二维应力作用下岩石单裂隙渗流规律进行了试验研究，认为裂隙面的膨胀、收缩及粗糙度的减少均影响岩体的渗流特性，其渗流量的减少主要是由于人造裂隙面的微小变化。

彭苏萍、孟召平（2003）对砂岩在围压下的作用进行了探讨，建立了岩石应力-应变与渗透率之间的定性定量关系，认为渗透率与围压的关系可表示为：$k = -a\ln\sigma + b$，k 为渗透率，σ 为侧向压力。以上学者对裂隙岩体的水力学特性进行了试验研究，导出了复杂应力状态下的渗透系数与应力、应变的关系。

1.2.2 岩体卸荷渗流问题

大量的研究成果表明，在加荷和卸荷条件下，完整岩石渗流特性差别不大。但岩体工程的力学特征与完整岩石具有本质的区别，岩体赋存各类裂隙，对应力场的变化较为敏感。隙宽的变化会对渗流场产生较大的影响，所以应力的轻微变化对于岩体的渗流场都有较大的影响。特别是卸荷岩土工程，由于其力学特性与加荷岩土工程有所不同，故对于卸荷岩土工程的设计、施工也有不同的要求。

目前，对于岩体裂隙渗流的试验研究以加荷过程为主。即使研究隧道开挖过程中渗透系数的变化，实验室对岩石试样的渗流研究也采用加荷过程。裂隙渗流与有效应力有较大的关系，如图 1.3 所示。从图中可以看出，在加荷与卸荷过程中裂隙的渗流特性不同，展示了一种显著的滞后现象。这种现象不仅在花岗岩裂隙中可以观察到，而且在沉积岩裂隙中也可见到。其中，在高应力时其流量基本保持恒定；在卸荷过程中，随着应力的降低，其渗透系数回升缓慢，但在低应力阶段回升较快。在相同低应力时，加荷与卸荷时渗流量不同，说明了卸荷时岩体的渗流特性与加荷时存在差异。

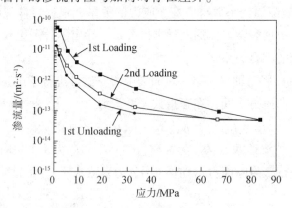

图 1.3　应力与渗流量之间的关系

岩体裂隙渗流与应力关系的研究以高应力时的渗流为主。从图 1.3 可以看出，在低应力时，渗流量对有效应力的变化较为敏感，与高应力时相比，要高 1 个数量级。目前，对低应力（如小于 1 MPa）阶段裂隙渗流的研究还比较少，特别是对低应力时卸荷渗流的研究更少。

　　由于岩体工程的力学状态对于岩体的渗流具有很大的影响，所以正确地确定岩体力学状态，从而采用不同的应力场与渗流场耦合分析模型，对于正确评价工程的稳定性具有重要意义。

　　自哈秋舲教授提出了卸荷力学的概念以来，对于渗流与卸荷力学的相互耦合作用的分析还处于起始阶段。大量的试验证明，在加荷和卸荷的条件下，岩体的渗流特性与法向应力的关系不完全一样。

　　陈洪凯（1996）对于岩体卸荷与岩体渗流的影响进行了初步的探讨，对于岩体渗透系数随埋深的变化进行了研究，认为渗透系数与埋深成高度正相关；同时，在对三峡船闸开挖卸荷研究的基础上，认为人工开挖卸荷对边坡岩体渗透性具有重要影响；最后通过实地观测，认为在岩体的排水工程中，应根据岩体的节理分布，采用不同形式的排水孔，这样才能起到排水优化的作用。许光祥（2001）对于裂隙岩体渗流与卸荷力学的相互作用及裂隙排水进行了研究，通过对裂隙岩体渗流与卸荷力学相互作用的分析，提出了渗透系数与卸荷应力、应变间的本构关系，岩体在卸荷过程中，其渗透系数回升的速度明显缓于岩体加载过程中渗透系数降低的速度，如图1.4所示，认为边坡工程宜采用卸荷岩体力学（卸荷岩体力学考虑了岩体质量迅速劣化、抗拉强度极度敏感、高度的非线性等重要特性，不能把卸荷简单地当作加荷的逆过程）进行研究。

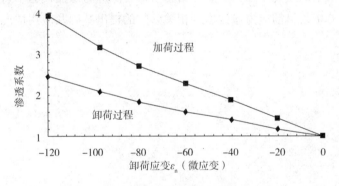

图1.4　裂隙渗透系数随卸荷应变的变化

　　综上所述，实际工程中岩体卸荷对于岩体渗透性的影响机理是十分复杂的。初始地应力场、岩体卸荷力学强度、岩体质量劣化，以及裂隙岩体入水后的化学场等，均会对岩体渗透性有较大的影响。

　　同时，试验及理论研究中，采用加荷方法研究的较多，而用卸荷方法研究的较少。尤其是在卸荷条件下，对岩体裂隙应力与渗流关系的研究则更少。

1.3　本书主要研究工作

　　本书针对岩体开挖后的渗流特征及其对岩体稳定性的特殊影响，基于连续介质渗流理论，从裂隙岩体卸荷渗流模型和卸荷渗流研究入手，对岩体开挖卸荷渗流特征进行探讨和研究，并通过工程实例分析渗流在工程中的应用。因此，本书的主要研究内容包括：

（1）对岩体的渗流理论基础进行了归纳总结；

（2）建立了裂隙岩体卸荷渗流力学模型，对岩体卸荷水力损伤和渗流–应力耦合作用进行了研究；

（3）在理论研究的基础上，对裂隙岩体卸荷渗流进行模型试验，研究裂隙岩体卸荷渗流的基本特征；

（4）基于 DDA 数值计算方法对裂隙岩体渗流耦合进行数值分析，并建立计算隧道裂隙岩体渗流作用数值分析的新方法；

（5）采用 MIDAS/GTS、ANSYS 和 UDEC 等软件对渗流耦合作用下隧道围岩力学效应与施工力学特性进行数值模拟与研究；

（6）研究渗流作用在隧道和边坡开挖过程中对裂隙岩体稳定性的影响。

1.4　本章小结

本章从岩体开挖渗流角度出发，分析了开挖岩体的稳定性影响因素、岩体开挖渗流存在的问题，以及本书的主要工作，重点介绍了岩体裂隙应力渗流模型、岩体卸荷渗流问题等的研究进展，分析了目前应力渗流模型相关参数的提出基础及应用情况，突出了本书的研究重点和内容。

第二章
岩体渗流理论基础

流体通过岩体的流动既是多种工程及学科的分支，如水文学、采油工程学、土壤学、土力学及化学工程学等，也是各学科领域的交叉应用和发展。流体在岩体中渗流，与岩体的物理力学性质、地下水性质和地下水位等因素有关。在地下工程建设中，岩体中流体的渗流理论及特性，直接影响地下工程的稳定与安全，这就使得岩体中流体渗流理论的学习和研究对地下工程建设十分重要。

2.1 含水层

地下水在岩体中的赋存形式，与岩体的物理特性、岩体力学特性、流体的物理性质等有关，以不同形式存在于岩体中的地下水，在岩体中的渗流特性和规律也不同，对岩体的整体稳定产生不同程度的影响。下面根据 J·贝尔的著作对含水地层的一些概念和性质作简要叙述。

2.1.1 定义

1. 含水层

含水层是具有下述两种性质的地层和岩层：①含有水；②在一般的野外条件下允许大量的水在其中运动。

2. 阻水层

与含水层的意思相反，阻水层是一种可以含水，甚至大量含水，但在一般的野外条件下不能大量导水的地层，黏土层就是一个例子。从实用的观点来看，阻水层可以认为是不透水的地层。

3. 弱含水层

弱含水层是导水速度十分缓慢的半透水层。如果在大的水平范围内，相邻含水层之间有弱含水层存在，则弱含水层可以大量导水，这种弱含水层通常称为越流层。

4. 非含水层

非含水层是既不含水又不导水的地层。

5. 地下水系

地下水系指地面以下的所有水。在本书中，利用地下水这一术语表示饱和带中的水。

6. 空隙空间

空隙空间指岩体中没有被固体颗粒占据的那一部分空间（其又可称为孔隙空间、孔隙、空隙、裂隙）。空隙空间含有水和空气，在地层内只有连通的空隙才能起导水通道的作用。图2.1表示岩石空隙的几种类型。空隙的大小可以从巨大的石灰岩洞穴到水主要靠吸着力存在于其中的亚毛细孔洞。岩石的空隙一般分为两种：①原生空隙，主要在沉积岩和火成岩中，是岩石形成时的地质作用产生的；②次生空隙，主要是节理、裂隙和岩溶通道，它们是在岩石形成之后逐渐发展而成的。

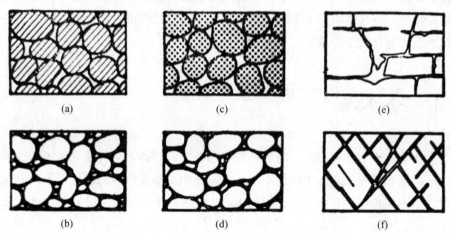

图2.1 岩石空隙的几种类型

（a）分选好、孔隙率高的沉积物；（b）分选差、孔隙率低的沉积物；
（c）砾石组成的孔隙率高的沉积物；（d）分选好、孔隙率低的沉积物；
（e）由溶蚀作用形成的多孔性岩石；（f）由断裂形成的多孔性岩石

2.1.2 地层中水分分布状况

地下水系在垂直剖面上的分布可以按照空隙空间中含水的相对比例划分成两个带：饱和带和充气带。饱和带中的全部空隙充满了水；充气带位于饱和带之上，其中同时包含着气体（主要是空气和水蒸气）和水。

图2.2表示地下水系的分布状况。水（如大气降水或灌溉水）自地面渗入，在重力作用下运动和聚集，最后在某些不透水层之上充满岩石中所有相互连通的空隙，这样就在不

透水层之上形成了饱和带。饱和带的上界面为潜水面（见图2.2），潜水面是一个其表面上压力等于大气压力的面。如果井孔打入基本上为水平流动的含水层中，则井孔中的水面就是潜水面。实际上，饱和带要高出潜水面一定距离，此距离的大小与土的种类有关，因为不同种类的土，其毛细作用不同。井、泉和某些河流靠来自饱和带的水补给。

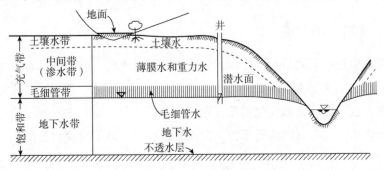

图2.2　地面以下水的分布状况

充气带从潜水面延伸至地面，它通常由3个亚带，即土壤水带、中间带（或渗水带）和毛细管带组成。土壤水带邻近地表，向下延伸通过植物根系带，该带水分分布不仅受降水、灌溉、空气温度及湿度、季节性变化和日变化等地表条件的影响，而且受埋藏得浅的潜水面的影响。在渗水期（如降水、地面洪泛和灌溉时期）该带的水向下运动，而蒸发与植物的蒸腾作用则使该带的水向上运动；在过量渗水的短时期内，该带的土壤可以暂时完全为重力水所饱和。

在土壤表面没有供水的情况下，经长期排水之后残留于土中的水分的含量叫作野外容水率。在野外容水率以下的土壤中包含着毛细管水。毛细管水靠表面张力保持在土壤颗粒周围形成连续水膜。此种水在毛细作用下运动，对植物有用。当水分含量小于吸湿度的时候，土壤中所含的水称为吸着水。所谓吸湿度，就是在20 ℃时使原来的干土与相对湿度为50%的大气接触所能吸收的最大水分含量。由于吸着水形成极薄的薄膜牢固地黏附在土颗粒表面，因而对植物无用，但对土颗粒之间的相互作用有一定影响。

中间带自土壤水带的下缘延伸至毛细管带的上缘。如果潜水面太高，致使毛细管带扩展到土壤水带，或甚至达到地表时，中间带便不复存在。中间带中停止着的水（即薄膜水）靠附着力及毛细力保持在空隙中，重力水可暂时通过该带向下运动。

毛细管带自潜水面向上扩展，其厚度取决于土的性质及空隙大小的均匀性。毛细上升从粗粒物质中的零变化到细粒物质（例如黏土）中的2~3 m或更高。通常，毛细管带内的水分含量随着潜水面高度的增加而逐渐减小，稍高出潜水面的空隙实际上是饱和的；再向上，只有较小的、连通的空隙含水；在更高的地方，能被水饱和的只是那些连通的最小的空隙。因此，毛细管带的上界具有不规则形状。实际上取某个平均的光滑曲面作为毛细管带的上界面，而在这个曲面以下可以认为土是饱和的（比如说，可以根据土的饱和度将饱和度大于75%作为毛细管带上界面的确定标准）。

在毛细管带中，压力小于大气压力，水可以发生水平流动及垂直流动。当潜水面以下饱和带的厚度比毛细管带大得多时，通常忽略毛细管带的流动。但在许多排水问题中，研究非饱和带的流动具有重要意义。

很明显，上述水分分布剖面是从空隙大小的多变性、透水地层的存在，以及暂时性渗入水的运动等许多复杂情况中概括出来的。

2.1.3　含水层的分类

大多数含水层是由非固结或部分固结的砂和砾石组成的，称为砂砾石含水层，它们分布在废（古）河道、平原和山谷之中。一些含水层的面积有限，而另一些则分布的范围很大，它们的厚度也可以从几米变化到几百米。

砂岩和砾岩是砂和砾石固结的产物，在这类岩石中，由于颗粒被胶结在一起，故渗透性减小。

在世界的许多地方，厚度、密度、孔隙率和渗透性有很大变化的石灰岩地层是重要的含水层，尤其在大部分原生石灰岩被溶蚀迁移的时候。石灰岩中的洞穴可以从微小的原生小孔变化到形成地下河道的大裂缝及大洞穴。由于水流沿断层及裂隙溶解岩石，因而，随着时间的推移，它们被不断扩大，从而增大了岩石的渗透性，最后石灰岩地区发展成岩溶（喀斯特）地区。就大范围而言，喀斯特含水层的宏观性状大致与砂砾石含水层相似，但从小范围来看，相似性能否成立还是一个问题。图 2.1（e）和图 2.1（f）分别表示溶蚀与断裂所形成的多孔性岩石。

火山岩也可以构成含水层，如玄武岩是相当好的含水层。玄武岩含水层的空隙也许比松散砂砾石含水层小，但由于大多数孔穴具有连通的特性，故其透水性可以比砂砾石含水层大很多倍。以岩床、岩脉和岩颈等形式出现的许多浅层浸入岩，透水性都很小，其中绝大多数不透水，因此其可以作为地下水流的阻隔边界。

结晶岩与变质岩属于相对不透水层，它们构成弱含水层。当这类岩石出现在地表附近时，由于风化与破碎，它们的渗透性会逐渐变大。

黏土及黏土与粗粒物质的混合物，虽然孔隙率一般很高，但由于空隙小，故为相对不透水层。

含水层可以看成是受降水和河流自然补给或通过井孔及其他人工方式补给的地下水水库。含水层中的水可以通过泉和河流自然地排泄，也可以用人工方法从井中排出。

含水层的厚度及其他垂向尺寸通常比所研究的水平长度小得多。因此，在本书中表示含水层中流动的所有图形都不是按比例绘制的，读者不应当由此产生误解。

含水层可以根据潜水面是否存在，划分为承压含水层和无压含水层两大类。

承压含水层又叫压力含水层（见图 2.3）。这种含水层的上部和下部均被不透水地层所封闭。当井孔揭露承压含水层时，水位会上升到封闭层底面以上，有时甚至达到地表。打入含水层的许多观测孔中的水位确定了一个假想的面，这个假想的面就叫作测压面或等压面。如果含水层中的流动基本上为水平流动，那么等势面是垂直的，此时测压孔打入含水层中的深度并不重要。否则，测压孔深度的标高不同，得到的测压水位也不一样。然而，除了在非完整井或泉之类的出水口附近以外，含水层中的流动基本上是水平的。

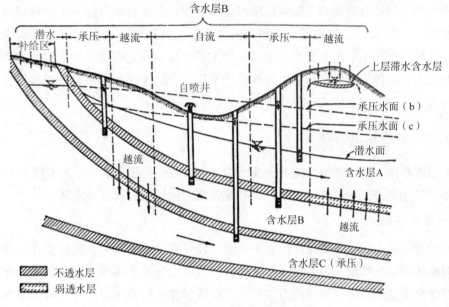

图 2.3 含水层的类型

自流含水层是一种测压面高度（比如说，相对于封闭层底面的高度）高出地表的承压含水层或承压含水层的一部分。因为这种含水层中的井孔在不抽水的情况下也会自由出流，所以称为自流井或自喷井。有时候，人们也用自流含水层这一术语表示承压含水层。

地表水和大气降水通过承压含水层在地面出露地区，或通过不透水层在地下尖灭而使承压含水层变为无压含水层的地区流入承压含水层。这样的地区通常称为补给区。

潜水含水层又叫无压含水层，它是一种具有潜水面的含水层，潜水含水层的上部边界就是潜水面，潜水面以上为毛细管带。在地下水研究中毛细管带通常是忽略不计的。除了在潜水面和地表之间局部存在水平不透水地层的地区以外，潜水含水层的补给一般来自其上的地表。

能通过其上或（和）其下的封闭地层获得水或漏失水的承压含水层或越流含水层叫作越流含水层，虽然这类封闭地层具有较高的渗透阻力，但是当它们在大范围内与所研究的含水层接触时，大量的水可以通过它们流入或流出含水层。在各种情况下，越流量和越流方向均受弱透水层两侧测压水头差的控制。显然，在每一种具体条件下，决定含水层上覆的某个地层是不透水层，还是弱透水层或仅仅是渗透性与所考虑的含水层不同的另一种透水地层，并不是一件容易的事情。通常，考虑成弱透水层的地层（及越流层）都比主含水层的厚度小。

位于弱透水地层之上的潜水含水层（或其一部分）是一种有越流的潜水含水层。至少有一个弱透水封闭层的承压含水层（或其一部分）叫作有越流的承压含水层。

图 2.3 表示几种含水层和观测孔。上部为潜水含水层，其下部有两个承压含水层。在

补给区，含水层 B 变为潜水含水层；含水层 A、B 和 C 的一部分是有越流的，越流方向及越流量的大小取决于每个含水层的测压水面高度。由于潜水面和承压水头高度的变化，各含水层承压和无压部分之间的界限可以随时间而变化。潜水含水层的一种特殊情形是上层滞水含水层（见图 2.3）。当在潜水面和地面之间分布有局部不透水（或相对不透水）地层时，在这种不透水地层之上就会形成另一种地下水体——上层滞水含水层。沉积物中的黏土及亚黏土透镜体上经常有薄的上层滞水含水层。有时，这些含水层只能存在比较短的时间，因为上层滞水可以流入下部的潜水含水层。

2.1.4　含水层的性质

含水层的导水、贮水和给水这些一般性质，在数量上是通过若干含水层参数来定义的。在此扼要地描述其中的某些参数，以补充说明上述给出的含水层定义。

1. 水力传导系数

水力传导系数表示在水力梯度作用下含水层传导地下水的能力，它是多孔介质和其中流动着的流体的组合性质。如果含水层中的流动基本上为水平流动，则含水层的导水系数表示通过含水层整个厚度的导水能力。导水系数等于含水层的水力传导系数与含水层厚度的乘积。

2. 贮水系数

含水层的贮水系数表示贮在含水层中的水量变化和相应的测压面（或无压含水层的潜水面）高度变化之间的关系。

承压含水层的贮水系数定义为水头降低（或升高）一个单位时，从水平横截面积为一个单位的含水层垂直柱体中释出（或存入）的水的体积。图 2.4 说明了这一概念。承压含水层的贮水性质是由水的压缩性和作为整体的含水层的弹性引起的。固体颗粒和微粒等的弹性一般可忽略不计。

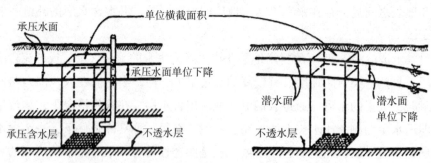

图 2.4　定义贮水系数的示意图

在潜水含水层中，除了降低的是潜水面这一点以外，上面给出的贮水系数的定义本质上没有变化。但是，造成含水层柱体内贮存水量变化的机理却不同。在潜水含水层的情况下，水实际上是由于潜水面降低而从空隙空间中排出并被空气所代替。然而，重力排水（比如，由抽水所引起的潜水面降低）并不能排出包含在空隙空间中的全部水。一定量的水在分子引力与表面张力的支持下能够平衡重力而保持在固体颗粒之间的空隙中。因此，潜水含水层的贮水系数比孔隙率小，其差值称为持水率（土样中在自然重力作用下剩余的水分体积与土样总体积之比）。为了反映这种现象，通常把潜水含水层的贮水系数称为给水度。

由含水层和水的压缩性所引起的弹性贮水系数要比给水度小得多。具体地说，大多数承压含水层的贮水系数变化在 $10^{-5} \sim 10^{-3}$ 之间，而大多数冲积层的给水度为 10% ~25% 。这说明，排出（或注入）相同体积的水，承压含水层中水头高度的变化要比无压含水层中水位高度的变化大得多。

在定义承压含水层的贮水系数时，我们假定不存在时间延迟问题，并且认为水是随着水头的下降而瞬间释出的。然而，尤其是在细颗粒物质中，由于低水力传导系数限制着水自贮存中释放，因而有明显的时间延迟现象。对于潜水含水层来说也是如此，因为疏干过程需要一定的时间。

3. 阻力系数

表示越流含水层特征的一个参数是弱透水层（又称半封闭层）的阻力系数。阻力系数定义为弱透水层厚度与其水力传导系数之比。当这值较大时，则通过弱透水层的越流量较小。

4. 越流因数

越流因数等于含水层的导水系数与弱透水层的阻力系数乘积的平方根。

在确定某一地层是否为含水层，以及何种类型的含水层时，上述各种参数可以作为指标。

2.2 均质流体的运动方程

本节从 1856 年 Darcy 的实验出发，简要地回顾在均质流体情况下得到流体通过多孔介质运动的基本方程，这对于从事实际工作的工程师和只关心均质流体-水-流动的地下水的水文工作者来说尤为合适。本节中所有变数和参数仅对作为连续介质的多孔介质区域有意义。

2.2.1 Darcy 实验定律

1856 年，H. Darcy 曾就法国 Dijon 城的水源问题研究了水在直立均质砂柱中的流动。图 2.5 为 Darcy 所采用的实验装置。根据实验，Darcy 断定：流量 Q（单位时间的体积）与不变的横截面积 A 及测压水头差（$h_1 - h_2$）成正比，而与长度 L 成反比（见图 2.5）。将这些结论并在一起就得到著名的 Darcy 公式，即

$$Q = KA(h_1 - h_2)/L \tag{2.1}$$

式中：K 为比例系数，称作水力传导系数；h_1 和 h_2 为相对于某个任意水平基准面测量的高度。

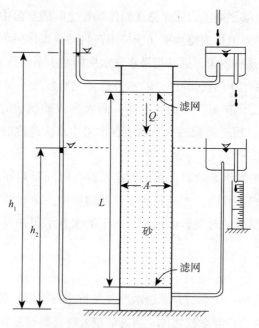

图 2.5　Darcy 所采用的实验装置

容易看出，这里的 h_1 和 h_2 是测压水头，而 $h_1 - h_2$ 是经过长度为 L 的砂柱的测压水头差。因为测压水头是用水头表示的单位重量流体的压能与势能之和，所以应当把 $(h_1 - h_2)/L$ 理解为水力梯度。如果用 J 表示水力梯度，而把比流量 q 定义为与流动方向垂直的每单位横截面积的流量（$q = Q/A$），则

$$q = KJ, \quad J = (h_1 - h_2)/L \tag{2.2}$$

式（2.2）是 Darcy 公式（即 Darcy 定律）的另一形式。

图 2.6 为将 Darcy 定律推广到流体通过均质倾斜砂柱的流动情形，此时有

$$Q = KA(\varphi_1 - \varphi_2)/L, \quad q = K(\varphi_1 - \varphi_2)/L = KJ, \quad \varphi_i = z + p_i/\gamma \tag{2.3}$$

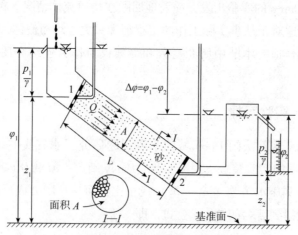

图 2.6　流体通过均质倾斜砂柱的流动情形

能量损失 $\Delta\varphi = \varphi_1 - \varphi_2$，是由流体通过多孔介质细小弯曲通道时的摩擦而引起的。事

实上，流动的总机械能还应当包括动能项。然而，通常因为沿流动路径的测压水头变化比动能水头变化大得多，故在考虑沿流动路径的水头损失时，动能水头可以忽略不计。

式（2.3）表明，流动是从高测压水头向低测压水头，而不是从高压力向低压力，记住这一点很重要。如图2.6所示，$\dfrac{p_1}{\gamma} < \dfrac{p_2}{\gamma}$，但流动却朝着压力增大而测压水头减小的方向。只有在水平流动，即 $z_1 = z_2$ 的特殊情况下才能写为

$$Q = KA(p_1 - p_2)/\gamma L \tag{2.4}$$

在图2.5所示的垂直流动中，有

$$Q = KA[(p_1 - p_2)/\gamma L + 1] \tag{2.5}$$

图2.7为流体通过直立均质砂柱垂直向下流动时的几种情形：$p_1 > p_2$；$p_1 = p_2$ 常数；$p_1 < p_2$。这几种情形是通过控制下游常水位水箱的高度而得到的；其中，图2.7（b）特别有趣，其水流的压力沿着砂柱处保持不变。

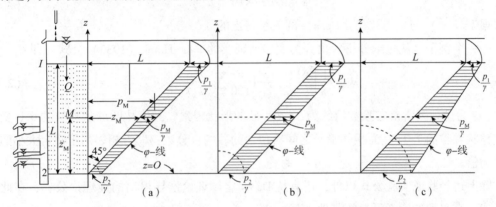

图2.7　流体通过直立均质砂柱垂直向下流动时的几种情形

（1）$p_1 > p_2$；（2）$p_1 = p_2$；（3）$p_1 < p_2$

能量损失 $\Delta\varphi = \varphi_1 - \varphi_2$ 也叫作驱动水头，它表示单位重量流体的能量差，也可以表示为单位质量流体的能量差 $\Delta\varphi' = \Delta(gz + p/\rho)$，此处 ρ 为流体的密度。水力梯度 $J = (\varphi_1 - \varphi_2)/L$［或 $J' = gJ = g(\varphi_1 - \varphi_2)/L$］是使流体向能量较低的地方运动的驱动力。

如图2.6所示，流体只能通过砂柱横截面积的一部分流动，其余部分为多孔介质的固体骨架所占据。即使是在一种均质流体的流动中，空隙空间中的部分流体有时也是不动的。当流动发生在吸着力起重要作用的细粒介质中，或当多孔介质含有大量死端空隙的时候，就会出现此种情况。此时，可以定义一个关于通过介质流动的有效孔隙率 n'_e，使

$$v = Q/nA = q/n = q/n'_e \tag{2.6}$$

式中：v 为流体通过砂柱的平均流速；n 为孔隙率；n'_e 为有效孔隙率。

2.2.2　各向同性介质的水力传导系数

1. 水力传导系数与渗透率

前面对 Darcy 定律的概念和表达式进行了介绍。这些表达式中所包含的比例系数 K 称

为水力传导系数，有时，人们也采用渗透系数这个术语。在各向同性介质中，可以将水力传导系数定义为单位水力梯度的比流量。水力传导系数是一个表示多孔介质运输流体能力的标量（量纲为 L/T），所以，它与流体及骨架的性质有关。相应的流体性质为密度（ρ）及黏度（η）或它们的组合形式——运动黏度（v）；而相应的骨架性质主要是粒径（或孔径）分布、颗粒（或孔隙）、形状、比表面、弯曲率及孔隙率。从 Darcy 定律的理论推导或量纲分析可以看出，水力传导系数（Nutting，1930）可表示为

$$K = k\gamma/\eta = kg/v \tag{2.7}$$

式中：k（量纲为 L^2）为多孔骨架的渗透率或内在渗透率，它仅与骨架性质有关；γ/η 为流体性质的作用。

现有的研究中，有把 k 与骨架性质联系起来的种种公式。其中，若干公式是纯经验的，如

$$k = 0.617 \times 10^{-11} \, d^2 \tag{2.8}$$

是根据 k（cm^2）与平均粒径 d（μm）的关系得出的。

另一个例子是从量纲分析导出并为实验所证实的 Fair-Hatch（1933）公式，即

$$k = \frac{1}{m} \left[\frac{(1-n)^2}{n^3} \left(\frac{\alpha}{100} \sum \frac{P}{d_m} \right)^2 \right]^{-1} \tag{2.9}$$

式中：m 为排列因素，实验数值约为 5；α 为砂的形状因素，其值从圆球状颗粒的 6.0 变化到棱角状颗粒的 7.7；P 为相邻筛子之间所包含的砂的百分数；d_m 为相邻筛子额定大小的几何平均值。

除上述经验或实验公式以外，还有从 Darcy 定律理论推导得出的纯理论公式，在此不再详述，有兴趣的读者可参阅其他文献。

当 k 在空间上变化，即 $k = k(x, y, z)$ 时，称多孔介质是非均质介质或非均匀介质。如果在饱和流动区域的某点上 k 随方向变化，就说介质在该点是各向异性的。由于流体的温度或溶解于流体中的固体的浓度随时间和空间的变化影响着 ρ 和 η，因此也使 k 在空间和时间上发生变化。

在某些条件下 k 也可以随时间发生变化。此种变化可以由外部负荷引起，因为外部负荷产生的应力能改变多孔骨架的结构和构造。沉降和固结现象与渗透率的改变有着密切关系。在引起饱和流动的 k 发生变化的其他因素中，还有固体骨架的溶蚀及黏土的膨胀。在对含有泥质的岩芯测定 k 的时候，由于岩芯变干会收缩成黏土（尤其是膨润土），所以干燥岩芯对空气的渗透率比用水测定的渗透率大。在岩芯中加入与盐水不同的淡水可以引起黏土膨胀，从而使渗透率变小。

在某些条件下，存在于多孔介质中的生物活动可以逐渐堵塞通道，而使渗透率随时间逐渐减小。在实验室中使用添加剂（如甲醛），能够预防此种堵塞的发生。

2. 单位与例子

实践中所使用的水力传导系数 K（量纲 L/T）的单位是各式各样的。水文工作者喜欢用

m/d 作单位；而土壤科学家用 cm/s 作单位。在美国，正像在采用英国单位制的许多国家一样，水文工作者通常使用另外两种单位。一种是实验室水力传导系数单位或称标准水力传导系数单位，利用式（2.3）可以将实验室水力传导系数定义为：在 1 ft（1 ft = 0.304 8 m）的水力梯度作用下，60 °F（1 °F = $\frac{5}{9}$ K）的水通过单位面积（ft^2，1 ft^2 = 0.092 903 0 m^2）的流量（gal(US)/d，1 gal（US）= 3.785 41 dm^2）。利用这个定义，K 的单位为 gal（US）(d·ft^2)。另一种是野外水力传导系数单位或称含水层水力传导系数单位，按此类方法，仍用式（2.3）将野外水力传导系数定义为：在 1 ft/mile（1 mile = 1 609.344 m）的水力梯度作用下，野外温度下的水通过厚 1 ft、宽 1 mile 的一个含水层横截面积的流量。这样得到的野外水力传导系数的单位与实验室水力传导系数的单位相同。上述这些单位的换算关系为

$$1 \text{ fal (US) (d·ft}^2) = 4.72 \times 10^2 \text{ cm/s} = 4.08 \times 10^{-2} \text{ m/d}$$

在米制单位中，渗透率 k（量纲 L^2）的单位是 cm^2 或 m^2；在英制单位中，渗透率的单位是 ft^2。对于 20 ℃ 的水，有换算关系，即 $K = 1$ cm/s 相当于 $k = 1.02 \times 10^{-5}$ cm^2。

采油工程师常用的渗透率单位是 d（达西），这个单位是根据公式 $k = (Q/A)\eta/(\Delta p/\Delta x)$ 得到的，可定义为

$$1 \text{ d} = \frac{[1 \text{ (cm}^3\text{/s)/cm}^2] \cdot 1 \text{ cP}}{1 \text{ atm/cm}}$$

因此，如果完全充满介质空隙空间的、黏度为 1 cP（1 cP = 10^{-3} Pa·s）的一种单相流体，在每厘米一个大气压力或与此相当的水力梯度作用下通过横截面积为 1 cm^2 的流量为 1 cm^3/s，则说这个介质的渗透率为 1 d。

1 atm = 1.013 2×10^5 Pa。由达西换算成面积单位的公式为

1 d = 9.869 7×10^{-9} cm^2

= 1.062×10^{-11} ft^2

= 9.613×10^{-4} cm/s（对于 20 ℃ 的水而言）

= 1.415 6×10^{-2} gal（US）/(min·ft^2)（对于 20 ℃ 的水而言）

在许多情况下 d 这个单位太大，因而常用单位是毫达西（10^{-3} d），记为 md。

表 2.1（Irmay，1968）列出了水力传导系数和渗透率的一些典型数值。表中是根据美国农垦局的方法用水力传导系数的分级单位表示的。

$$K = -\log_{10} k$$

表 2.1　水力传导系数和渗透率的典型数值

$-\log_{10}$		−2	−1	0	1	2	3	4	5	6	7	8	9	10	11
K															
渗透率			渗透的				半渗透的				不渗透的				
含水层			好				差				不				
土		洁净的砾石		洁净的砂或砂砾石			极细的砂、粉砂黄土、垆坶、碱土				未风化黏土				
						泥炭		层状黏土							
岩石				含油岩石				砂岩			完好的石灰岩、白云岩			角砾岩、花岗岩	
$-\log_{10}$		3	4	5	6	7	8	9	10	11	12	13	14	15	16
k															
$\log_{10} k$		8	7	6	5	4	3	2	1	0	−1	−2	−3	−4	−5

2.2.3 各向异性介质的渗透率

由于渗透率 k 和水力传导系数 K 都是二秩张量，因此，对于各向异性介质，比流量可以用张量的形式来表示。由于各向异性介质中的渗流比较复杂，在本节中只简要介绍介质主方向的渗透情况，对于其他方向的渗透情况，在此不作叙述，有兴趣的读者可参考相关文献进行研究。在讨论中，假设多孔介质是均质的。

在各向异性介质的一般情况下，比流量 $q(q_1, q_2, q_3)$ 和梯度 $J(J_1, J_2, J_3) \equiv - \mathbf{grad}\, \varphi$ 的关系可写成如下形式，即

$$q = K \cdot J \quad \text{或} \quad q_i = K_{ij} J_j (i, j = 1, 2, 3) \tag{2.10}$$

在式（2.10）中，如果不作说明，都隐含着爱因斯坦求和约定，或称双重求和约定。按照这个约定，在任意项的乘积中，一个重复两次且仅重复两次的指标（上标或下标）即意味着在它取值范围内（通常是1、2、3）求和。例如，应当把式（2.10）中的第二个方程看成代表如下3个方程，即

$$\left. \begin{aligned} q_1 &= K_{11}J_1 + K_{12}J_2 + K_{13}J_3 \\ q_2 &= K_{21}J_1 + K_{22}J_2 + K_{23}J_3 \\ q_3 &= K_{31}J_1 + K_{32}J_2 + K_{33}J_3 \end{aligned} \right\} \tag{2.11}$$

三维空间中的9个分量或二维空间中的4个分量决定着水力传导系数张量。通常把它们写成如下矩阵形式，即

$$K = \begin{pmatrix} K_{11} & K_{12} & K_{13} \\ K_{21} & K_{22} & K_{23} \\ K_{31} & K_{32} & K_{33} \end{pmatrix}$$

或

$$K = \begin{pmatrix} K_{11} & K_{12} \\ K_{21} & K_{22} \end{pmatrix} \tag{2.12}$$

因为 K 是对称张量（即 $K_{ij} = K_{ji}$），所以其在三维空间中只有6个不同的分量，而在二维空间中则只有3个不同的分量。式（2.11）的3个方程式也可以写成一个矩阵方程，即

$$\begin{pmatrix} q_1 \\ q_2 \\ q_3 \end{pmatrix} = \begin{pmatrix} K_{11} & K_{12} & K_{13} \\ K_{21} & K_{22} & K_{23} \\ K_{31} & K_{32} & K_{33} \end{pmatrix} \cdot \begin{pmatrix} J_1 \\ J_2 \\ J_3 \end{pmatrix} \tag{2.13}$$

混合分量 $K_{x_i x_j}$（$K_{x_i x_j} \equiv K_{ij}$）可解释为这样一个系数：它乘以水力梯度 J 的分量 J_{x_j} 即为 J 对 x_i 方向的比流量 q_{x_i} 的贡献。而流量 q_{x_i} 则等于 J_{x_1}、J_{x_2}、J_{x_3} 所产生的比流量之和。

在各向异性介质中，除了主轴方向以外，向量 q 和 J 是不共线的。这意味着流线的方向与等势线的法线方向并不一致。向量 q 和 J 之间的角度可表示为

$$\cos\theta = q \cdot J / qJ, \quad q \equiv |q|, \quad J \equiv |J| \tag{2.14}$$

当 x、y、z 为水力传导系数的主方向时，有

$$\cos\theta = (K_x J_x^2 + K_y J_y^2 + K_z J_z^2)/(qJ) \tag{2.15}$$

对于主方向以外的渗透率在此不作详述，有兴趣的读者可参考相关文献。

2.2.4　层状多孔介质的渗透特性

1. 垂直和平行介质层面的流动

构成含水层的多孔介质，渗透性几乎都是不均匀的。然而，当地层由渗透率不同的若干薄层组成时，对于某些简单的流动情形可以计算这种地层的平均渗透率。因为在本节中只考虑均质液体的流动，所以将采用地层的水力传导系数，而不是渗透率。

现考虑均质流体（ρ、η 为常数）平行于 N 个地层流动（见图 2.8）。当流动区域的边界上（比如说，点①及点②）存在着与地层相垂直的等势边界条件时，地层中发生的是平行于地层的流动。假设 K_i、b_i 和 Q_i 分别表示第 i 层的水力传导系数、厚度和单宽流量。如果用 Darcy 定律写出每一层的流量 Q_i，则总流量 Q 应当等于各层流量之和，即

$$Q = \sum_{i=1}^{N} Q_i, \quad b = \sum_{i=1}^{N} b_i, \quad Q_i = K_i b_i \frac{\Delta\varphi}{L} \tag{2.16}$$

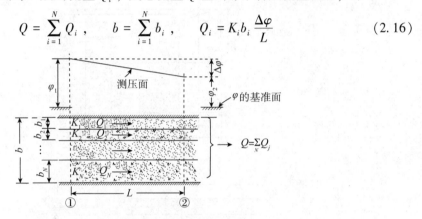

图 2.8　承压含水层中平行于层面的流动

但是，梯度 $J = \Delta\varphi/L$ 在各层中保持为常数（即等势面处处与层面垂直）。因此

$$Q = \sum_{i=1}^{N} Q_i = \sum_{i=1}^{N} K_i b_i \frac{\Delta\varphi}{L} = \frac{\Delta\varphi}{L} \sum_{i=1}^{N} T_i \tag{2.17}$$

式中：$T_i = K_i b_i$ 为第 i 层的导水系数。

如果假定存在一个等效的水力传导系数 K^P（该系数是与层面平行流动的等效水力传导系数），使得在同样的水力梯度（$\Delta\varphi/L$）作用下，通过相同厚度的含水层（b）传导相同的流量（Q），那么

$$Q = K^P b \frac{\Delta\varphi}{L} = T^P \frac{\Delta\varphi}{L} \tag{2.18}$$

式中：$T^P = K^P b$ 为含水层的等效导水系数

比较式（2.17）和式（2.18），可以得到

$$K^P = \sum_{i=1}^{N} K_i b_i \Big/ \sum_{i=1}^{N} b_i \quad \text{或} \quad T^P = \sum_{i=1}^{N} T_i \tag{2.19}$$

如果用一种水力传导系数沿垂直方向 z 连续变化 [$K = K(z)$] 的地层代替上面的地

层，则通过厚度为 b ，且与层面平行流动的总流量 Q 应当是

$$\mathrm{d}Q = K(z)\frac{\Delta\varphi}{\Delta L}\mathrm{d}z , \qquad \frac{\Delta\varphi}{\Delta L} = 常数$$

$$Q = \frac{\Delta\varphi}{\Delta L}\int_0^b K(z)\mathrm{d}z$$

因此

$$K^P = \frac{1}{b}\int_0^b K(z)\mathrm{d}z , \ K^P b \equiv T^P = \int_0^b K(z)\mathrm{d}z \tag{2.20}$$

作为第二种简单情况，考虑垂直于层面方向的流动（见图 2.9）。因此，流量 Q 保持不变，而水头的总降落 $\Delta\varphi$ 等于各层水头降落 $\Delta\varphi_i$ 之和，即

$$\Delta\varphi = \sum_{i=1}^N \Delta\varphi_i , \qquad L = \sum_{i=1}^N L_i$$

因此

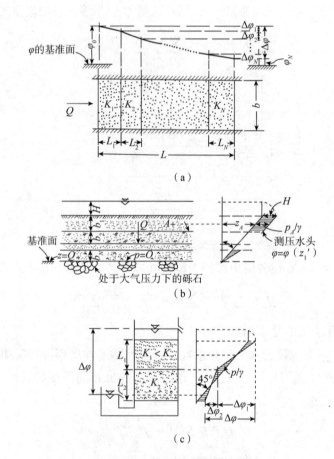

图 2.9 垂直于层面方向的流动

（a）承压含水层中垂直于层面的流动；（b）通过层状土的垂直流动，水在大气压力下流出；

（c）通过层状土的垂直（饱和）流动，存在一个负压区

$$Q = K_i b \frac{\Delta \varphi_i}{L_i} , \quad \Delta \varphi_i = \frac{L_i Q}{K_i b}$$

$$\Delta \varphi = \sum_{i=1}^{N} \Delta \varphi_i = \frac{Q}{b} \sum_{i=1}^{N} \frac{L_i}{K_i} \tag{2.21}$$

此外，如果假定存在一个等效的水力传导系数 K^N，使得通过长度为 L 的地层传导相同的流量 Q，那么

$$Q = K^N b \Delta \varphi / L$$

因此

$$L / K^N = \sum_{i=1}^{N} (L_i / K_i) \tag{2.22}$$

应该注意的是，如果有一个 $K_i = 0$，即存在一个不透水层，则 $K^N = 0$，也就是说整个地层系统将变成不透水的。然而，由式（2.22）及下面的式（2.25）能够不用各层的 K_i 和 L_i 而用各层的阻力或最大一层的阻力来确定流动。

如果用一种水力传导系数水平方向连续变化的地层代替上面的地层系统，则容易证明

$$\frac{L}{K^N} = \int_0^L \frac{\mathrm{d}x}{K(x)} \tag{2.23}$$

假如，将 Darcy 定律写成如下形式，即

$$Q = KA \Delta \varphi / L = \Delta \varphi / R , \quad R = L / (KA) \tag{2.24}$$

在式（2.24）中，R 是长度为 L（沿着流动方向）、横截面面积为 A 的多孔介质块对流体的阻力。于是对于平行于层面的流动，式（2.19）可改写为

$$1 / R^P = \sum_{i=1}^{N} (1 / R_i) , \quad R_i = L / (K_i b_i)$$

$$R^P = L / (K^P b) \tag{2.25}$$

而对于垂直层面的流动，式（2.22）可改写为

$$R^N = \sum_{i=1}^{N} R_i , \quad R_i = L_i / (K_i b)$$

$$R^N = L / (K^N b) \tag{2.26}$$

容易看出，式（2.25）和式（2.26）就是计算并联总电阻和串联总电阻的定律。

有时，当流体从一层进入渗透性较大的另一层时，会形成负压区 [图2.9（c）]。如果负压不是太高且没有空气进入多孔介质，则流动仍然可以是饱和流动。

由式（2.19）和式（2.22）可以导出 $K^P > K^N$，也就是说，平行于层面方向的流动的水力传导系数较大，这一点可以证明。

2. 任意定向流动的等效水力传导系数

此处是关于流线在水力传导系数不连续平面上折射的讨论。

如图2.10所示，现考察水力传导系数为 K_i、厚度为 b_i（$i = 0, 1, \cdots, n-1, n$）的一系列平行均质各向同性地层。在不同水力传导系数的每个界面上，可得方程

$$K_m/K_{m+1} = \tan \delta_{m+1}/\tan \delta_m \qquad (2.27)$$

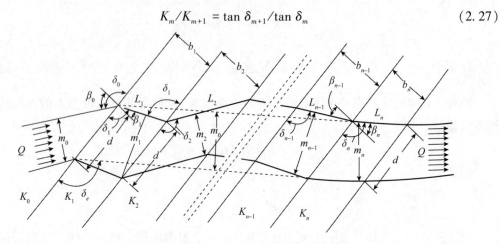

图 2.10　层状平行土层中任意方向的流动

Vreedenburgh（1937，也见 Maasland 1957）曾提出过一个两层系统的表达式。Marcus 和 Evenson（1961）按照 Vreedenburgh 的方法推导了计算 n 层等效水力传导系数的公式。该公式不要求各层厚度相同（见图 2.10）。

由图 2.10 可以看出

$$d = m_0/\sin \delta_0 = m_1/\sin \delta_1 = \cdots$$

或

$$m_i = m_0 \sin \delta_i/\sin \delta_0$$

并且

$$L_1 = b_1/\sin \delta_1 , \ L_2 = b_2/\sin \delta_2 , \ \cdots , \ L_n = b_n/\sin \delta_n \qquad (2.28)$$

在第 i 层中两条流线之间的流量可以表示为

$$Q = K_i m_i (\Delta\varphi/\Delta L)_i = L_i m_i \, \Delta\varphi_i/\Delta L_i$$

$$\Delta\varphi_i = Q\Delta L_i/K_i m_i \qquad (2.29)$$

或者根据式（2.27）及式（2.28），得

$$\Delta\varphi_i = Q(b_i \sin \delta_0/K_i m_0 \sin^2\delta_i) \qquad (2.30)$$

因此，通过 n 层水头总损失为

$$\Delta\varphi = \sum_{i=1}^{n} \Delta\varphi_i = \frac{Q\sin \delta_0}{m_0}\sum_{i=1}^{n}\frac{b_i}{K_i \sin^2\delta_i} = \frac{Q}{d}\sum_{i=1}^{n}\frac{b_i}{K_i \sin^2\delta_i} \qquad (2.31)$$

对于等效水力传导系数为 K^δ 的系统，有

$$Q = m_e K^\delta \frac{\Delta\varphi}{L_e} = m_0 \frac{\sin \delta_e}{\sin \delta_0} K^\delta \frac{\Delta\varphi}{b_e/\sin \delta_e} = \frac{dK^\delta \Delta\varphi \sin^2\delta_e}{b_e}$$

$$\Delta\varphi = \sum_{i=1}^{n} \Delta\varphi_i , \ b_e = \sum_{i=1}^{n} b_i$$

将上两式进行比较，得到

$$\frac{\sum_{i=1}^{n} b_i}{K^\delta \sin^2\delta_e} = \sum_{i=1}^{n}\frac{b_i}{K_i \sin^2\delta_i}$$

或

$$K^{\delta} = \frac{\sum_{i=1}^{n} b_i}{\sin^2 \delta_e} \Big/ \sum_{i=1}^{n} \frac{b_i}{K_i \sin^2 \delta_i} \tag{2.32}$$

式（2.32）就是所要寻找的等效水力传导系数的表达式。因为 $1/\sin^2 \delta_e = 1 + \cot^2 \delta_e$，且由其他研究知 $K_0/K^{\delta} = \cot \delta_0 / \cot \delta_e$，故

$$1/\sin^2 \delta_e = 1 + (K^{\delta}/K_0)^2 \cot^2 \delta_0 \tag{2.33}$$

将式（2.33）代入式（2.32），消去未知角 δ_e，则得

$$\frac{K^{\delta}}{1 + (K^{\delta}/K_0)^2 \cot^2 \delta_0} = \sum_{i=1}^{n} b_i \Big/ \sum_{i=1}^{n} \frac{b_i}{K_i \sin^2 \delta_i} \tag{2.34}$$

3. 作为等效各向异性介质的层状介质

按照 Vreedenburgh（1937）和 Maasland（1957）对两层系统的研究，Marcus 和 Evenson（1961）推导了等效水力传导系数 K^{δ}，K^N 和 K^P 之间的关系式。

由图 2.10 及式（2.28）可以看出

$$\sum_{i=1}^{n} b_i \cot \delta_i = \sum_{i=1}^{n} L_i \cos \delta_i = \cot \delta_e \sum_{i=1}^{n} b_i \tag{2.35}$$

由式（2.27）得

$$K_i/K_m = \cot \delta_i / \cot \delta_m \tag{2.36}$$

将式（2.35）代入式（2.36）得

$$\sum_{i=1}^{n} b_i (K_i/K_m) \cot \delta_m = \cot \delta_e \sum_{i=1}^{n} b_i$$

或

$$\cot \delta_m = K_m \cot \delta_e \frac{\sum_{i=1}^{n} b_i}{\sum_{i=1}^{n} K_i b_i} \tag{2.37}$$

改写式（2.32），得

$$K^{\delta} \sum_{i=1}^{n} \frac{b_i}{K_i \sin^2 \delta_i} = \frac{\sum_{i=1}^{n} b_i}{\sin^2 \delta_e}$$

或

$$K^{\delta} \sum_{i=1}^{n} (b_i/K_i)(1 + \cot^2 \delta_i) = \frac{\sum_{i=1}^{n} b_i}{\sin^2 \delta_e} \tag{2.38}$$

因此，有

$$K^{\delta} \sum_{i=1}^{n} (b_i/K_i) + K^{\delta} \sum_{m=1}^{n} (b_m/K_m) \cot^2 \delta_m = \sum_{i=1}^{n} b_i \Big/ \sin^2 \delta_e$$

或者利用式（2.37），得

$$K^\delta \sum_{i=1}^n \frac{b_i}{K_i} + K^\delta \sum_{m=1}^n b_m K_m \frac{\left(\sum_{i=1}^n b_i\right)^2}{\left(\sum_{i=1}^n K_i b_i\right)^2} \cdot \cot^2\delta_e = \frac{\sum_{i=1}^n b_i}{\sin^2\delta_e} \tag{2.39}$$

现根据式（2.19）及式（2.22），式（2.39）变为

$$1/K^\delta = \sin^2\delta_e/K^N + \cos^2\delta_e/K^P \tag{2.40}$$

假如使 $K^P \equiv K_x$，$K^N \equiv K_y$，则最后这个方程在这里表示沿着角 δ_e 所给定的比流量方向的水力传导系数。这说明，层状土的宏观性状即平均性状相当于主水力传导系数为 K^P 和 K^N 的各向异性土壤。但是，为了使这个结论成立，还必须要求各层的厚度较之流动区域的整体尺寸小得多。否则，一点的平均的或等价的水力传导系数的概念就毫无意义。所以，如果考虑图2.10所示的一般情形（及地层的任意组合），则 K^N 和 K^P 在介质的各点不同，因而也就是对于给定方向 δ_e 的 K^δ 在介质的各点上也将变化。此时得到的是一种等效的非均质各向异性介质。当地层以 (K_1, b_1)，(K_2, b_2)，(K_1, b_1)，(K_2, b_2)，…的形式交替组合时会出现一种特别有趣的情况。此时我们所得到的介质就其宏观性状而言，应当属于均值各向异性介质（见图2.11）。

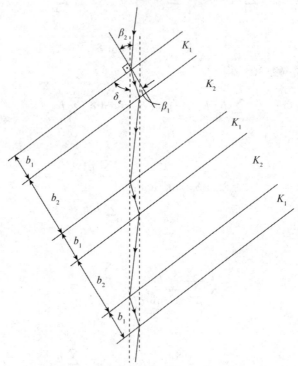

图2.11 以规则方式交替出现的均质各向异性地层系统中任意方向的流动

2.3　裂隙岩体的渗流特征

裂隙岩体由岩块和结构面组成，是在风化、溶蚀、卸荷等作用共同影响下的复杂地质体。相比结构致密的岩块，裂隙岩体结构面的渗透性要大得多，是岩体渗流的主要通道。因此，结构面的产状及分布特点决定了裂隙岩体渗流的特点。

2.3.1　裂隙岩体的工程特征

1. 裂隙岩体渗流的非连续性

裂隙岩体为非连续介质，内部结构面分布的随机性和不连续性导致了其非连续的渗流特性，以裂隙为主的结构面构成了裂隙岩体的水力通道。然而，并非所有的裂隙都在渗流过程中起作用，裂隙内部的填充物透水性较差，或裂隙在岩体内部与其他裂隙结构无法形成一条完整的水力通道，都会使得这部分裂隙不具备导水能力。

如图 2.12 所示，大部分裂隙在整体网络中无法构成一条完整的水力通道，甚至部分裂隙单独存在，这些裂隙的存在对渗流几乎无影响。能互相连通形成渗流通道的裂隙仅占总体裂隙的 10% ~ 20%。因此，在裂隙岩体渗流的研究中，需要剔除无效裂隙，研究岩体裂隙的连通性。

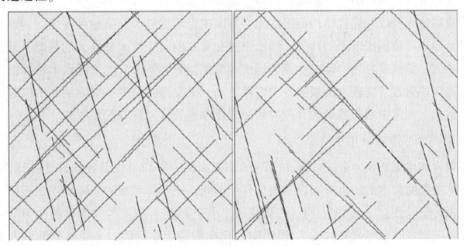

图 2.12　裂隙网络

2. 裂隙岩体渗流的非均质性

裂隙岩体复杂的生成过程，以及存在的应力环境，是裂隙岩体渗流非均质性的主要原因。且不说由于组成岩体的岩块与结构面之间透水性的巨大差异造成的非均质性，岩体本身因其成因复杂存在多种类型，具有不同的物理、力学性质。一个岩体边坡往往由多种不同岩性岩体构成，这些岩体的渗透性各不相同，导致裂隙岩坡的渗流表现出较强的非均质性。即使是同一类型的岩体，不同的赋存环境也会导致其岩性、裂隙发育程度等各不相同。边坡岩体的风化和卸荷是常见的地质现象，结合岩体边坡自身的应力场特点，风化使边坡表层的岩体岩性改变，岩体质量降低，渗透性能增强，风化程度随边坡的深度减弱，以垂向变化为主，导致边坡岩体渗流随垂向深度变化存在非均质性。卸荷改变边坡原有的应力场，不同的卸荷程度使边坡岩体裂隙发生不同程度的张开、滑移和扩展，岩体渗流与裂隙密切相关，卸荷程度随边坡的深度增加而减弱，以横向变化为主，导致边坡岩体渗流随横向深度变化存在非均质性。

3. 裂隙岩体渗流的各向异性

各向异性是裂隙岩体区别于土体等连续介质的最本质特性。不连续的结构面控制着裂隙岩体的渗流，其空间分布成组性，在研究中往往以优势结构面组的形式出现，每组优势结构面具有近似的产状（倾向、倾角）。由于每组结构面的产状不同，使裂隙岩体的渗流具有明显的方向性，沿结构面方向的渗透性明显要优于结构面法线方向。随着岩体中结构面组数的增加，岩体越破碎，岩体的各向异性逐渐向各向同性转化，因此块状岩体、层状岩体等优势结构面组数少的岩体各向异性特性表现明显。此外，裂隙岩体的非连续性、非均质性等渗流特性也对其各向异性有着一定影响。

4. 裂隙岩体渗流的优势水力特性

裂隙岩体的非连续性、非均质性、各向异性，以及裂隙发育的优势方向，决定了裂隙岩体渗流具有明显的方向性，即裂隙岩体渗流具有明显的优势水力特性。优势水力路径主要由连通裂隙簇构成，优势结构面组的组合方向决定了优势水力路径的方向。裂隙相交处开度的差异会导致偏流现象的产生，即水流过交叉点偏向于流入开度大的裂隙，且裂隙开度相差越大，偏流现象越明显。水流的偏流现象是裂隙岩体渗流的优势水力特性的重要体现，水流主要通过开度较大的裂隙或裂隙簇流动，微发育的裂隙在裂隙网络中仅起到持水作用。因此，岩体中裂隙的最大开度对裂隙岩体渗流的研究具有重要意义。

5. 裂隙岩体渗流的尺寸效应

裂隙岩体渗流的尺寸效应实际由上述的非连续性、非均质性及各向异性等特性所致。由于岩体内部结构面的随机分布以及发育程度不同，使不同尺寸的岩体表现出不同的力学性能和水力学特性。图 2.13 表明，当研究尺寸小于 V_r 时，裂隙岩体渗流的水力学参数随体积变化波动显著；当研究尺寸大于 V_r 时，该参数趋于稳定值，不随体积的增大发生明显改变，才能代表真实的裂隙岩体的渗流状态。这个 V_r 值被称为表征单元体积（REV），其随岩体类型变化和裂隙发育程度不同而改变，往往需要通过实验判断。土体等孔隙介质的 REV 一般较小，即可用小尺寸的数据代表整个研究范围的渗流特性。而岩体中的裂隙相对较少，且分布沿空间存在较大差异，使其 REV 一般较大，甚至不存在，要确定能够代表整个研究范围的 REV 较为困难。

各渗透特性相互影响，相互作用，主要与裂隙岩体中结构面的分布状态和其产状、隙宽等性质有关。

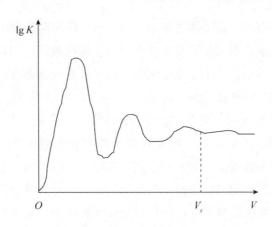

图 2.13　渗透性代表性体积单元

2.3.2　裂隙岩体渗流影响因素

研究发现，岩石裂隙渗流特性受众多因素影响，如裂隙面粗糙度、裂隙开度、应力、温度、化学作用及充填物等，如若计算中忽视这些因素的影响，结果往往与实际相差较大。

1. 粗糙度

Lomize 等在假设裂隙是由两个光滑且不相交的平行板构成的基础上，推导出了立方定律。基于光滑平行板试样的立方定律已广为岩石力学界所接受。而实际上，裂隙面并不是光滑无接触的，而是起伏不平的，裂隙面的这种起伏程度就是粗糙度。粗糙度一般包含两个概念，即宏观概念和微观概念，当裂隙开度比较大时，此时裂隙面粗糙度由于影响了裂隙的渗流层，因此对裂隙渗流影响不大；当裂隙开度较小时，裂隙面粗糙度对裂隙渗流有重要影响。当前，基于粗糙度评价的方法主要有节理粗糙度系数表征法、裂隙面凸起高度表征法、分数维表征法等，而节理粗糙度系数表征法及分数维表征法相较裂隙面凸起高度表征法应用较广。

1）裂隙面凸起高度表征法

裂隙面凸起高度表征法是指用裂隙面凸起局域函数表达式 $z(x, y)$ 或其密度函数表达式 $n(h)$ 来表征裂隙面粗糙度的方法，此方法使用前提是需要得到裂隙面各个凸起值，能否精确测量裂隙面凸起高度成为关键。因此，裂隙面凸起高度表征法对于已知裂隙面或者已知裂隙面凸起高度表达式 $z(x, y)$ 比较适用，然而工作量比较大；但是，天然裂隙面的凸起高度及密度往往是未知的，因此对于天然实际裂隙面用此法表征难度比较大，尤其人为因素影响较大，精度难以得到保证，实际工程中很少被采用。

2）分数维表征法

分数维表征法是 Mandelbrot 在 1977 年根据分形几何理论而提出的，其认为裂隙面粗糙度可以用分数维 D 表示，对于光滑的裂隙面而言，$D=2$；若粗糙度极高，则 $D=3$，因此，对于实际天然裂隙面，$D=2\sim3$。对于裂隙面剖面而言，用 1 表示光滑裂隙剖面的分数维，极度粗糙裂隙剖面的分数维用2表示，则一般实际裂隙剖面$D = 1 \sim 2$。

分数维表征法经过学者们大量研究，截至目前主要有量轨法和功率谱密度法，但由于量轨法要求测量间距足够小，功率谱密度法中的傅里叶变换需要进行两次，因此这两种方法仍然需要很大的工作量而比较烦琐。Fardin在2008年通过对裂隙面分数维的研究得出：裂隙面分数维D存在尺寸效应，且存在裂隙面临界尺寸，只有大于某一临界尺寸，裂隙分数维D才保持稳定不变。尽管采用分数维D评价裂隙面粗糙程度的方法被大量使用，但是分数维表征法仍有很多缺点。例如，对于同一裂隙，采用不同的分数维定义，分数维表征法值略有差别；而且，空间裂隙面是一个复杂的曲面，分数维表征法的计算需要对裂隙面进行离散，测量裂隙面的离散数据，再根据分数维表征法定义求值。因此，分数维值还与测量方法、测点的间距等测量方面的因素相关。

3）节理粗糙度系数表征法

节理粗糙度系数表征法是Barton1973年根据大量的岩体裂隙面野外调查分析（136个裂隙面的起伏粗糙度）后，提出的用以表征裂隙面粗糙度的方法，即根据裂隙面由光滑到极度粗糙的剖面形态，提出了10个不同的剖面，实际上节理粗糙度系数的变化范围介于0和20之间，最初确定节理粗糙度系数的方法主要有剪切试验法和对比法，剪切试验法在进行渗流实验之前需对试样制作一个复制品，两种试样的一致性很难得到保证；而对比法是用肉眼观察裂隙面剖面曲线与已知的节理粗糙度系数进行对比，从而确定节理粗糙度系数，但这种方法的主观性太强，因此，这两种方法在确定裂隙面节理粗糙度系数的精度上很难得到保证。

为了减小以上两种方法的误差，许多学者基于Barton研究的基础，在确定裂隙面节理粗糙度系数值方法上展开了一系列研究，这其中主要有Barton的直边法、Tse的统计参数法、Turk的直接测量法、王岐的伸长率法，以及杜时贵的修正直边法。

2. 裂隙开度

裂隙开度主要是由岩体长期受张拉力影响或剪切位移引起的岩块断裂造成的，其值的大小与裂隙渗流能力有很大的关系，对于光滑平行裂隙，裂隙开度就是两个平板之间的垂直距离，是一常数且适用于立方定律；而实际上，天然裂隙并不是光滑的，它们是粗糙不平、起伏不一的，故裂隙开度也不是常数。基于此，学者们提出了以下用以表征裂隙开度的几种方法。

（1）力学开度b_m。在给岩石裂隙施加应力的情况下，应力从零开始，裂隙面发生的最大闭合变形量为最大力学开度b_{max}，从初始应力开始，裂隙因受压导致闭合，且闭合量为Δb，则力学开度为

$$b_m = b_{max} - \Delta b \qquad (2.41)$$

（2）平均开度b。裂隙平均开度是由裂隙开度函数表达式推算的裂隙开度平均值，前提是裂隙开度分布函数已知。

（3）等效水力开度b_h。等效水力隙宽是为评价裂隙渗流能力而提出，经典的立方定

律不适用于粗糙裂隙，因此提出等效水力隙宽，从而将立方定律应用于天然裂隙，再由立方定律反推得到天然裂隙的等效水力开度，等效水力开度的值一般比力学开度小，使用它的前提是裂隙渗流量 Q 已知。具体公式为

$$b_{h} = \left(\frac{Q}{i}\frac{12\upsilon}{gw}\right)^{1/3} \tag{2.42}$$

式中：w 为平行裂隙间流动区域宽度；υ 为流体运动黏度；g 为重力加速度；Q 为渗流量。

对于光滑且平行的岩石裂隙，以上 3 种开度相等且为一常数，而对天然裂隙其值往往不等。以上 3 种开度虽都表征裂隙开度，对于实际裂隙却都无法直接由测量而获得，力学开度 b_{m} 的前提是首先得到最大力学开度 b_{max}，平均开度 b 需先将裂隙开度分布函数精确拟合出来，而等效水力开度 b_{h} 需要知道裂隙渗流量。

3. 应力对渗流影响

岩石裂隙长期受到应力作用的影响，应力对岩石裂隙渗透性尺寸效应影响不容忽视。法向应力对岩石裂隙渗透性影响实际上是改变岩石裂隙开度的分布，从而影响岩石裂隙渗透性，因此，法向应力对岩石裂隙渗透性影响与岩石块体的刚度、裂隙开度分布特征有很大的关系。对于裂隙开度分布不均、岩石刚度较低的岩石裂隙，当岩石受到法向应力时，接触区域极易出现弹性形变，甚至接触区域发生损坏，使接触面积增大，直至达到最大法向应力。值得注意的是，当裂隙面的接触区域在法向应力作用下增大时，此时产生一定的岩屑，填充了裂隙区域，也会对岩石裂隙渗透性产生一定的影响。基于此，国内外许多学者对单裂隙和应力渗流展开了研究。

Louis 对单裂隙渗流与应力的耦合进行了室内研究，得出的渗透系数公式为

$$K_{f} = K_{f}^{0}\,e^{-a\sigma} \tag{2.43}$$

式中：K_{f}^{0} 为法向应力为 0 时的渗透系数；K_{f} 为裂隙渗透系数；σ 为法向应力；a 为经验系数。

Gale 对玄武岩、大理岩及花岗岩的岩石裂隙展开了室内研究，总结出的渗透系数经验公式为

$$\left.\begin{array}{l} K_{f} = \beta\sigma^{-\alpha} \\[2mm] K_{f} = \dfrac{gb^{3}}{12\upsilon} \end{array}\right\} \tag{2.44}$$

式中：α、β 为常数；σ 为法向应力；g 为重力加速度；υ 为流体运动黏度。

刘继山基于孙广忠的指数型 $\sigma_{n} - \Delta V_{n}$ 曲线公式，提出了以下公式，即

$$K_{f} = \frac{gb_{m0}^{3}}{12\upsilon}e^{-\frac{\alpha\sigma_{n}}{A_{n}}} \tag{2.45}$$

式中：$A_{n} = b_{m0}K_{n_0}$，K_{n_0} 为初始法向刚度，b_{m0} 为裂隙的初始力学开度；α 为常数。

4. 其他影响因素

岩石裂隙渗透性除受裂隙开度、裂隙面粗糙度和法向应力影响之外，还与岩石各向异

性、岩石裂隙所处的环境温度、物理化学的腐蚀溶解作用等因素有关。

1）各向异性

由于裂隙的存在，岩体体现出各向异性的特征，使得岩石裂隙的表面形态具有方向性，从而对裂隙开度的分布、渗流路径与沟槽流的形成产生一定的影响。沟槽的形成为流体流动提供了路径，若某处流通阻力较小，则渗流量比较大。

2）环境温度

由于岩体所处的环境并不是恒温的，因此温度对岩石裂隙渗透性具有一定的影响。温度对岩石裂隙渗透性的影响主要概括为两个方面：一方面，流体温度增加，流体运动黏度减小，则渗流速度明显增加；另一方面，岩石裂隙温度增加，其将会使裂隙开度减小，从而使岩石裂隙渗流量降低。因此，当岩石裂隙所处温度增加时，渗透性增加与否，还要取决于两种因素的影响程度。

3）腐蚀溶解作用

腐蚀溶解作用主要包含物理作用与化学作用，一方面，岩石裂隙本身长期在大自然的作用下发生一系列的风化作用，岩石与流体之间物理作用主要为受流体冲刷作用产生的矿物碎屑的运移与扩散；另一方面，当流体流经岩石裂隙时，流体本身含有的化学元素与岩石裂隙矿物质发生化学作用，其与离子浓度大小、pH 值等流体环境变化息息相关。乔丽苹等在 2007 年用 CT 扫描检测岩石裂隙后发现：腐蚀溶解作用产生的裂隙面次生开度和宏观裂隙面粗糙度的变化，导致了裂隙接触面及沟槽流性状发生变化。流体对裂隙的冲刷、充填物的排出及对裂隙表面碎屑的排出过程均对裂隙开度及渗流通道产生重要影响。对于裂隙面接触区，流体对其溶解后，裂隙开度进一步减小从而导致渗流量随之减小。而对于非接触区域，腐蚀溶解作用则增加了平均裂隙开度，从而渗流量增加。此外，岩石刚度、岩石与流体的化学成分、所处应力环境在腐蚀溶解过程中也起到重要作用。

2.3.3 裂隙岩体渗流破坏特征

1. 裂隙岩体渗透系数的确定

对于大多数裂隙岩体来说，基岩与裂隙之间的水流交换比较微弱，水只能沿连通孔隙或裂隙渗透。当岩体内缺陷得到扩展时，这种微弱的水流交换将被放大。假设岩体为多孔的均质材料并且各向同性，那么渗透率可表示为

$$k = cd^2 \tag{2.46}$$

式中：d 为岩体内孔隙的有效直径；c 为常数。

当岩体内含有平坦光滑的单个裂隙时，此时裂隙岩体的渗透率可表示为

$$k_f = \frac{b^2}{12} \tag{2.47}$$

式中：b 为单条裂隙的宽度。

对裂隙岩体介质而言，渗透系数可表示为

$$K_f = k_f \frac{\rho g}{\eta} \tag{2.48}$$

式中：ρ 为流体密度；η 为流体黏度。

由于岩体中孔隙、裂隙等分布的不均匀性和个体间的差异性导致岩体渗流出现非均匀性，即在岩体系统空间内，不同位置上的渗透系数大小不同，此时用渗透张量描述岩体的渗透性，即

$$\boldsymbol{K}_{ij} = K_{ij}(x, y, z) \tag{2.49}$$

渗透张量为对称的二阶张量，其值可表示为

$$K_{ij} = k_{ij} \frac{\rho g}{\upsilon} \tag{2.50}$$

较常用的各向异性岩体渗透张量的表达式为

$$K_{ij} = \frac{g}{12\upsilon} \sum_{i=1}^{n} \frac{b_h^3(l)}{\lambda(l)} [\delta_{ij} - n_i(l) n_j(l)] \tag{2.51}$$

式中：$b_h(l)$ 为 l 组非连续面的等效水力隙宽；$\lambda(l)$ 为 l 组不连续面之间的距离；$n(l)$ 为 l 组非连续面在法线方向上的余弦。

当岩体内含有裂隙时，此时裂隙岩体的渗透系数可表示为

$$K_f = \frac{g}{12\eta} b_0^3 e^{\frac{-3[\sigma_2 + \mu(\sigma_1 + \sigma_3) - \beta p]}{k_n}} \tag{2.52}$$

式中：K_f 为裂隙的渗透系数；σ_2 为垂直于裂隙的应力；σ_1、σ_3 为平行于裂隙的应力；p 为裂隙中的裂隙水压力；b_0 为初始隙宽；k_n 为法向刚度系数；μ 为泊松比；β 为裂隙之间接触部分的面积和总面积的比值；η 为水流的黏度。

2. 渗流-应力耦合作用下裂隙岩体渗透张置演化方程

迄今为止，岩体渗流-应力耦合作用主要表现在岩体的渗透性上，说明岩体的渗透系数是一个与应力有关的函数，渗透系数的确定是研究渗流-应力耦合作用的核心。目前，许多学者建立了多种岩石渗透系数的方程。

1）负指数方程

Louis 通过进行钻孔压试验，基于试验结果推出以下公式，即

$$K_f = K_f^0 e^{-a\sigma} \tag{2.53}$$

式中：K_f^0 为法向应力为 0 时的渗透系数；σ 为法向应力；a 为经验系数。

2）负幂指数方程

仵彦卿对某水电工程的岩体进行渗流与应力关系的试验，推导出如下渗透系数计算方法，即

$$K_f = K_0 \sigma^{-c} \qquad (\sigma > 0) \tag{2.54}$$

式中：K_0 为不受应力作用时的渗透系数；σ 表示水压作用下的有效应力；c 为分数。

该计算公式反映了应力对渗透系数的作用程度，但该方程具有较大的局限性，仅适用于高压应力状况。

2.3.4 构造裂隙带

构造裂隙带的渗流特征与裂隙带的类型、发育特征有关，其渗透性主要与裂隙的连通条件有关。根据裂隙的连通特性，可以将构造裂隙带分为：①局部连通或稀疏裂隙渗流带；②网状裂隙渗流带；③连通性良好的裂隙渗流带。围岩构造裂隙带与隧道空间的关系如图 2.14 所示。

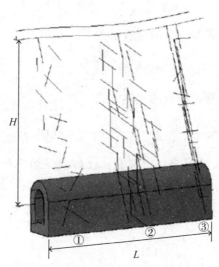

图 2.14　围岩构造裂隙带与隧道空间的关系

2.3.5 断层渗流带

断层是地下水储存场所和运移通道之一，张性断层和具有张性的平移断层物质结构松散、孔隙率高，有利于地下水的运移和聚集，尤其当断层结构为弹脆性岩层时更是如此，属于高渗流带。

断层渗流带的渗流特征与断层的类型、断层结构构造和应力状态有关。当有充沛的地下水补给，张性断层连通了地下裂隙水、构造水、岩溶水及地表水时，隧道可能成为一个巨大的泄水洞，极大地威胁隧道施工安全。压性断层因断层带中的物质受挤压作用，裂隙率偏低、裂隙连通性差、导水条件不好，可能成为隔水层，但当两侧影响带岩石为弹脆性岩层时，也可能成为高渗流带。

1. 断层的组成

大的断层具有岩性的非均一性、力学上的各向异性和不连续性，往往是由一系列与断层形成与演化相关的地质体块、段组成，一般由一个或数个高应变滑动面分布或交织在高、低应变带，高应变滑动面分布形成的称为断层核部，高应变滑动面交织形成的称为裂隙带。断层带的变形特征和产状沿走向及倾向均可能在较短距离内发生变化，从而导致其构造特性、力学性质和渗透性发生变化。

断层核部一般由断层泥、碎裂岩或超细碎裂岩组成；裂隙带则由长度不等的裂隙、派生断层组成。断层核部的应变可能是均一的，也可能沿某一面集中，形成具有滑动面性质的高应变带。另外，即使在断层的核部，其中的局部拉张区也可能发育断层角砾岩，如硅质碎屑岩中的断层核部与裂隙带，如图 2.15 所示，断层核部由受强烈挤压的变形带和局部轻微变形的透镜体组成；裂隙带包括次级小断层和变形带。

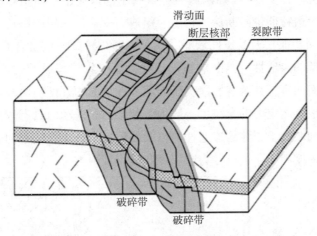

图 2.15　硅质碎屑岩中断层核部和裂隙带的特征

断层及断层带的构造如图 2.16 所示。由断层核部和两侧裂隙带组成的单一高应变带称为简单断层；由断层核部和裂隙带交织组成的宽大断层带称为复合断层带，主要表现为高应变的断层核部与夹持其间的裂隙化的原岩块体。

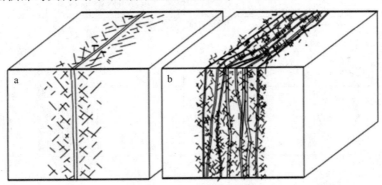

图 2.16　断层及断层带构造

（a）简单断层；（b）断层带

2. 断层带裂隙发育特征

裂隙发育的密度从断层核部向两侧呈指数衰减，这一规律与应力的大小从断层核部向两侧衰减相关。对于高孔隙度（孔隙率）的岩石，岩石的变形以条带状变形破坏为主，微细裂隙的发育密度随离开断层核部的距离变化不明显。但是，当断层变形破坏以某一变形带为主时，高孔隙度的岩体裂隙发育密度类似于低孔隙度岩体裂隙发育密度。

断层微裂隙发育密度随距离断层核部的远近变化规律为：低孔隙度的岩体中断层核部两侧的裂隙密度随远离断层核部呈对数衰减的规律；相反，高孔隙度的岩体中除断层核部之外，远离岩体断层核部的微裂隙不发育。

3. 断层带的渗透性

断层核部与其两侧裂隙带的渗透特征存在较大的差异（见图2.17）。对于简单断层，断层核部属于渗流屏蔽带（层），而两侧裂隙带属于渗流通道。而实际的断层往往是复杂的、非均质的，其渗透特征也随断层的构造、组成而变化。断层的渗透性取决于断层裂隙特征（岩石及裂隙面特征）及其空间展布。例如，断层核部一般富含黏土（泥质）矿物、片状矿物，具有较低的渗透性，当断层核部这些黏土矿物连续成带时，便形成隔水屏障。对于裂隙面和滑动面而言，其渗透性取决于裂隙和滑动面的开度，而开度的大小则取决于裂隙面和滑动面法线方向应力的大小。一般地，裂隙面和滑动面具有较高的渗透性，而断层带的整体渗透性则取决于裂隙的连通性，以及裂隙切割透水性较差的岩块的状况。断层核部根据物质破碎程度不同，可以分为断层泥和破碎带两类。

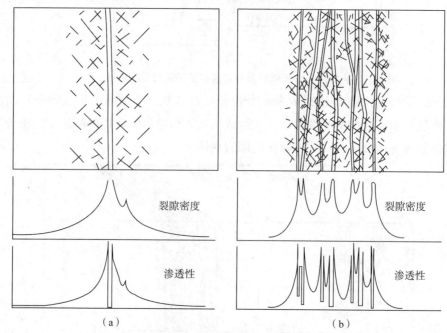

图 2.17　断层核部的渗透特征

（a）单一断层核部；（b）多个断层核部

1）断层泥特征及其渗透性

自然界的断层泥可以分为：①由近似于粒状、棱角显著的破碎岩石组成的颗粒状断层泥；②由泥质矿物组成的泥状断层泥。

有关颗粒状断层泥渗流特征的研究表明：利用人造石英颗粒来代表颗粒状断层泥，在法向应力 25 MPa 下，当剪切应变为 10 左右，则渗透系数减小 2～3 个数量级；当剪切应变达到 200 时，发现其渗透系数进一步减小 2～3 个数量级，此时，渗透不均一性显著，有约 1 个数量级，这可能与应变的局部出现 Y 型剪切变形有关。

总之，泥质含量高的断层泥的渗透性低于以颗粒状岩石为主的断层泥，如泥页岩、黏土岩，它们在断层的磨细及混合作用下的产物总组分大致与原岩相当。

富含黏土矿物的断层，其渗透性均较低。断层带的渗透性具有各向异性，不同方向的差异可能有 3 个数量级。在断层泥中，黏土矿物的定向性一般不显著，或定向性仅在局部存在。

富含黏土的断层泥，其渗透性随深度的变化往往是显著的。对于正常固结的黏土物质，剪切作用下形成的断层泥，其渗透性一般会降低；而对于超固结的黏土物质，在低有效应力条件下遭受剪切变形，则渗透系数往往增大。

2）破碎带特征及其渗透性

破碎带的渗透特征取决于原岩的渗透性、裂隙及其连通性、低渗透带（挤压变形带）的分布。对于低孔隙度的岩体，断层以裂隙主导的变形为主，最终的渗透性能取决于裂隙的发育及其连通性；而对于高孔隙度的岩体，破碎带往往较为复杂，断层带的渗透性取决于高渗透的滑动面和低渗透的挤压变形带的组合形式。总体上，远离断层核部的破碎带，其渗透性降低，这与变形的变化和破碎的减轻趋势是一致的，不过某些断层带渗透性能的变化较为复杂。有关日本 Median 构造带的渗透性能研究显示，其渗透性能在地表有数个数量级的差异，这反映了岩性、构造均是影响断层带渗透性的主要参数。

3）断层带渗透性的估计

断层渗透性的研究，主要基于数值模拟结果和钻孔试验。数值模拟结果显示，平行于断层带方向的渗透性明显大于垂直于断层方向的渗透性，因此，在平行于断层带的方向上往往具有渗流通道。

利用渗透试验可以评价岩体、断层带的渗透性，间接地估算断层带的渗透特征，如在地应力作用下，利用渗流波动性的方法，估算断层带的渗透率为 $2 \times 10^{-15} \sim 1 \times 10^{-8} \ \mathrm{m}^2$。

2.3.6　褶皱区裂隙渗流带

褶皱是岩层在构造运动的作用下变形而形成的一系列连续弯曲构造。褶皱按横剖面分为向斜构造和背斜构造两种类型。褶皱构造与流体渗流、储藏的关系是油气、地热资源等勘探领域研究的重点之一。褶皱的构造形式对地下水的流动、分布有控制作用。

1. 褶皱区地下水的分布特征

向斜构造有利于高渗流带地下水的汇集，但由于受挤压作用，向斜核部裂隙不发育，不利于地下水的补给和径流。从构造形态看，向斜构造为聚水构造，当向斜构造两翼岩层平缓时，层间张裂隙发育，两翼岩层出露面积较广，向斜核部埋深较浅时，则有利于高渗流带地下水的补给、径流，向核部汇集，此种构造称为浅缓的向斜谷。核部为正地形的向斜构造，两翼地下水较富集。两翼不对称的褶皱构造，则一般缓倾翼地层地下水较为丰富。岩石原生脆弱构造面发育之处，构造裂隙往往也发育得比较好，对渗流带地下水的赋存和运动起一定的控制作用。

背斜构造主要是受水平挤压作用而形成的，往往沿着背斜核部有纵向张裂隙产生，对于规模较大的背斜，还有次一级横向张裂隙伴生，为高渗流带地下水的补给和径流提供了有利条件。当背斜核部的纵向张裂隙有断层通过时，在地表水的侵蚀下，形成谷地或盆地，更有利于含水带地下水的补给，且贮水条件较好，水量较为丰富。对于区域性的大型背斜构造，其核部为含水性差的较老岩层，往往形成地表分水岭，有利于接受补给和径流，有利于地下水的运动。

褶皱构造对渗流的影响表现为：褶皱过程中伴随的断层、节理、劈理化、岩层间差异变形等有助于流体的渗流、运移；局部高应变带、断层、劈理作用也可能成为地下水流动的屏障。同样，在褶皱过程中既可能形成局部流体聚集区（带），也可能使岩体中的流体分布区域均一化。

2. 褶皱区高渗流带的分布

地下水在不同褶皱中的分布可能存在较大的差异。例如，层状岩体中的流体，在褶皱过程中，个别岩层之间的流体没有明显的变化；在中等程度韧性变形的页岩、薄层石灰岩，各岩层中的流体之间没有明显的交换；地下水可能沿着高渗流的岩层流动，并可能与岩层之外的流体存在联系。

褶皱形成方式影响地下水的分布。褶皱岩层的厚度、岩石类型、岩层的弯曲影响节理、断层、劈理的间距、分布、产状。褶皱对地下水分布的控制模型可以简化为：①褶皱岩层中的高含水断层控制；②断层-褶皱组合控制；③褶皱伴生裂隙控制；④褶皱-裂隙组合控制。断层和裂隙对渗流的影响可能取决于层理、位移量、内部构造、破碎带的形式；断层和裂隙的发育使流体在垂向的渗流能力增大，或者迟滞流体的水平渗流，形成近水平分布的局部含水体。

2.4 本章小结

本章介绍了裂隙岩体渗流理论基础，讲述了含水层的定义、分类和性质；列出了均质流体的运动方程，详细给出了水力传导系数、渗透率的公式，以及多孔介质的渗透特性；最后，叙述了裂隙岩体的渗流特征，介绍了其工程特性、影响因素及破坏特征。

第三章
裂隙岩体卸荷渗流力学模型及试验

岩体是一个庞大的地质体系，在漫长的地质构造过程中，被各种地质构造和多组结构面所切断，从而劣化了岩体的总体质量。与完整岩石相比，裂隙岩体的力学特性在加荷与卸荷条件下有着明显的区别。在加荷条件下，岩体中含有较多的节理、裂隙等原始缺陷，结构面仍有较好的力学特性；在卸荷条件下，参数发生很大变化，导致其物理性质和力学特性发生改变，如渗透性等。岩体工程在岩石开挖后多处于卸荷状态，如岩石边坡、地下采矿等，尤其是当卸荷量较大，出现拉应力时，将使岩体的质量迅速劣化，原有的裂隙扩大，并且生成新的裂隙。

裂隙的发育程度、开启程度、充填程度对于岩体的渗流特性和地下水的渗流作用产生较大影响，从而导致岩体的工程特性出现明显差异。开挖卸荷过程中，将会导致岩体原有的裂隙发生扩展，特别是在高水位富水地区，开挖卸荷后，将会形成复杂的加、卸荷应力状态，这种应力状态与高水头的渗透压力共同作用，使得裂隙发生延伸、扩展和交汇，连通性增强，导致岩体渗透性增加。因此，探索卸荷工程中的卸荷-损伤机理，对于工程具有重要的意义。软质裂隙岩体卸荷损伤过程如图3.1所示。

天然岩体在自重及其他应力场（如构造应力场、地温度应力场等）的长期作用下，其内部将会形成一个相对稳定和平衡的原始应力场。在岩体卸荷后，自重应力、构造应力、孔隙水压力等对岩体稳定性产生显著影响。

1. 自重应力

自从瑞士地质学家海姆于1913年提出了岩体的初始地应力为"静水压力"的假设以来，对于岩体自重应力的研究在工程中得到了很大的发展。该假设认为，岩体中任一点的地应力在各个方向上均相等，且等于单位面积的覆岩层重力。

与之相应，其水平应力为

$$\sigma_{\mathrm{h}} = \kappa \sigma_{\mathrm{z}} = \kappa z \tag{3.1}$$

式中：κ 为水平应力与垂直应力的比例系数；σ_{z} 为垂直地应力；σ_{h} 为水平地应力。

κ 值与泊松比 μ 的关系为

$$\kappa = \upsilon/(1 - \upsilon) \tag{3.2}$$

但事实上，κ 值与埋深及岩体本身的属性有较大的关系。Hoek 认为，离表面越近，κ 值就越大，离散性越大。

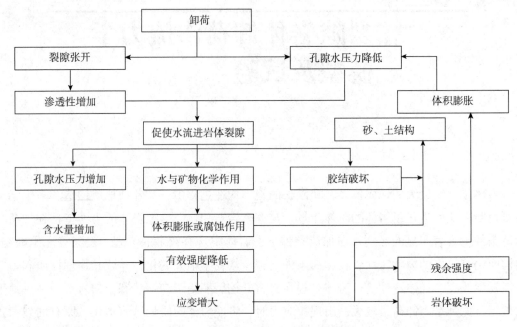

图 3.1 软质裂隙岩体卸荷损伤过程

2. 构造应力

经过不同时期、不同方向构造应力场的作用，以及后期岩体卸荷松弛，岩体中留存了一部分构造应力。由于该部分应力的存在，使得岩体中的应力出现了较大的变化，尤其是在近地表处，由于构造应力的存在，导致了岩体应力的大小和方向有较大的差异。而由于卸荷一般发生在近地表处，因此，构造应力对于岩体的卸荷具有较大的影响。构造应力形成后，一旦岩体由于开挖或者侵蚀作用，导致岩体中原来的约束消失，则会使得岩体中的应力剧烈地释放出来，形成与卸荷面大致平行的破裂面。这些破裂面的形成，对于岩体的稳定具有潜在的破坏效应。

3. 孔隙水压力

地下水对于岩土体的力学作用主要是通过孔隙静水压力和孔隙动水压力来对岩土体施加影响，孔隙静水压力使得岩土体的有效应力降低，从而降低了岩土体的强度；岩体裂隙中的孔隙静水压力可使裂隙产生扩容变形；而孔隙动水压力对岩土体产生切向的推力将会降低岩土体的抗剪强度。地下水在松散土体、松散破碎岩体，以及软弱夹层中运动时对土颗粒施加一体积力，在孔隙动水压力的作用下可使岩土体中的细颗粒物质产生移动，甚至被携带出岩土体之外，产生潜蚀而使岩土体破坏；岩体裂隙或断层中的地下水对裂隙壁施加两种作用力，一是垂直于裂隙壁的孔隙静水压力（面力），该力使裂隙产生垂向变形；二是平行于裂隙壁的孔隙动水压力（面力），该力使裂隙产生切向变形。

3.1 岩体卸荷水力损伤理论

3.1.1 卸荷岩体中的应力分布

自然岩体均处于一定的原始地应力场中，当岩体开挖后，岩体卸荷并发生应力松弛，开挖面附近岩体的渗透性发生变化，并且随着岩体损伤的发展，将对整个岩体的渗流特性产生进一步影响。

1. 边坡形成后的岩体应力分布

由于自重应力、构造应力及孔隙水压力对边坡稳定性具有重要的作用，因此许多学者对岩体的应力分布进行了研究。

当边坡形成后，自由临空面附近的岩体发生卸荷回弹，引起应力重分布及应力集中，并具有以下的规律。

（1）愈接近临空面，最大主应力愈接近平行于临空面，而最小主应力则与之近于正交，如图3.2所示。

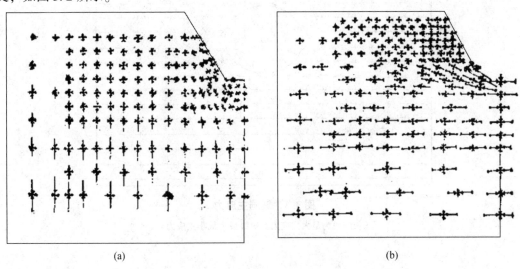

(a)   (b)

图3.2 边坡主应力分布

（a）重力场条件下，集中系数 $k=0.33$；（b）水平应力场条件下，集中系数 $k=3$

（2）坡脚附近，最大主应力显著提高，且愈接近表面愈高；而最小主应力显著降低，至临空面处变为零，甚至转为拉应力。坡缘附近，在一定条件下，坡面的径向应力和坡顶的切向应力可转化为拉应力，形成张力带。

（3）与主应力迹线偏转相联系，坡体内最大剪应力迹线由原来的直线变为圆弧，弧的下凹面朝着临空方向。

（4）坡面处由于径向压力实际等于0，所以实际处于单向应力状态，向内渐变成两向或三向状态。

2. 隧洞形成后的岩体应力分布

同样，隧洞（隧道）作为一种特殊的卸荷工程形式，当隧洞形成后，其应力分布也有其自身的特点。在隧洞开挖的瞬间，隧洞表面围岩的应力降为0。由于地下隧洞的形成，破坏了岩体原有的应力平衡状态，使得岩体中应力有恢复平衡的趋势，直至达到新的平衡，在这一过程中，围岩主应力的大小与方向都发生了变化，如图3.3所示。围岩中的径向应力是随着向自由表面的接近而逐渐减小至0。而切向应力不同，在一些部位越接近自由表面，其切向应力变得越大，至洞壁处达到最大值；在一些部位越接近自由表面，其切向应力变得越低，有时甚至在洞壁处产生拉应力。由于以上应力的变化，使得岩体中的最大主应力与最小主应力均发生变化。隧洞主应力等值线图如图3.4所示，初始水平应力为垂向应力的3倍。

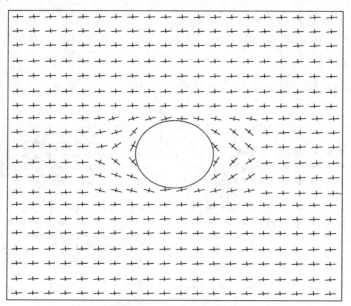

图3.3 隧洞主应力

（长线段为最大主应力，短线段为最小主应力）

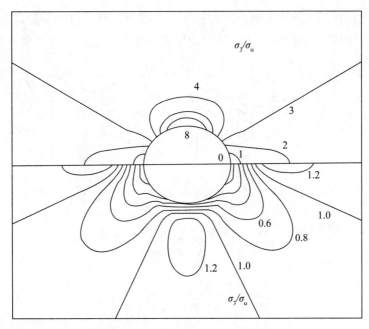

图 3.4　隧洞主应力等值线图

3.1.2　岩体卸荷水力损伤机理

岩体工程在加荷与卸荷条件下，其力学特征有着本质的区别。在卸荷量较大时，岩体中结构面的力学条件将发生本质的变化。这些结构面将迅速劣化岩体质量，使其力学参数急剧下降，并发生卸荷损伤，而在力学上岩体将经历的过程为：岩体工程开挖—应力释放—岩体损伤—岩体变形。因此，岩体变形导致结构面连通率增加，结构面开度加大，岩体发生损伤。当岩体处于地下没有受到扰动时，其处于一定的原始地应力场与地下水压力的共同作用中。初始地应力在裂隙面的法向分量，促使裂隙面有压缩闭合的趋势。岩体作为地下水的通道及赋存体，地下水压力在裂隙面上的法向压力将促使裂隙张开。随着工程的开挖卸荷，如隧道、边坡等，与初始地应力场相比，岩体应力分布将发生较大的变化。根据裂隙与卸荷面空间位置的不同，岩体中将会发生卸荷损伤，如图 3.5 所示，其开挖卸荷面均与 Z 轴垂直。

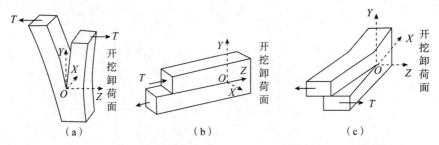

图 3.5　卸荷损伤的 3 种典型模式

（a）张开型损伤；（b）滑移型损伤；（c）撕开型损伤

根据裂隙的产状与开挖卸荷面的空间位置，上述 3 种典型的损伤模式均有可能存在。对于图 3.5（a）的张开型损伤，其进行简化变为平面问题后，可建立坐标系如图 3.6 所示，则平面内的应力分布为

$$
\left.
\begin{aligned}
\sigma_{Y1} &= \frac{K_I}{\sqrt{2\pi r}}\cos\frac{\theta_1}{2}\left(1 - \sin\frac{\theta_1}{2}\sin\frac{3\theta_1}{2}\right) \\
\sigma_{Z1} &= \frac{K_I}{\sqrt{2\pi r}}\cos\frac{\theta_1}{2}\left(1 + \sin\frac{\theta_1}{2}\sin\frac{3\theta_1}{2}\right) \\
\tau_{ZY1} &= \frac{K_I}{\sqrt{2\pi r}}\cos\frac{\theta_1}{2}\sin\frac{\theta_1}{2}\sin\frac{3\theta_1}{2}
\end{aligned}
\right\}
\tag{3.3}
$$

式中：K_I 为 I 型裂隙强度因子，$K_I = \sigma\sqrt{\pi a}$。

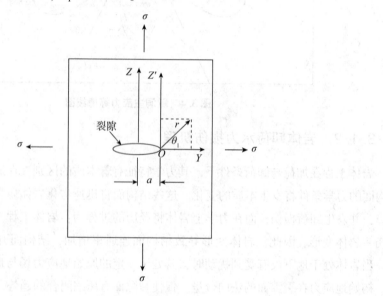

图 3.6　I 型裂隙

图 3.5（b）中的损伤模式为纯剪切的状态，将其简化为平面问题后，建立坐标系如图 3.7 所示，应力分布为

$$
\left.
\begin{aligned}
\sigma_{Z2} &= \frac{K_{II}}{\sqrt{2\pi r}}\cos\frac{\theta_2}{2}\sin\frac{\theta_2}{2}\cos\frac{3\theta_2}{2} \\
\sigma_{Y2} &= \frac{-K_{II}}{\sqrt{2\pi r}}\sin\frac{\theta_2}{2}\left(2 + \cos\frac{\theta_2}{2}\cos\frac{3\theta_2}{2}\right) \\
\tau_{ZY2} &= \frac{K_{II}}{\sqrt{2\pi r}}\cos\frac{\theta_2}{2}\left(1 - \sin\frac{\theta_2}{2}\sin\frac{3\theta_2}{2}\right)
\end{aligned}
\right\}
\tag{3.4}
$$

式中：K_{II} 为 II 型裂隙强度因子，$K_{II} = \tau\sqrt{\pi a}$，$\tau$ 为剪应力。

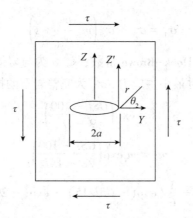

图 3.7 II 型裂隙

图 3.5（c）中的损伤模式也是一种纯剪切状态，裂隙沿着 Z 轴方向前后错开，建立坐标系如图 3.8 所示，应力分布为

$$
\left.
\begin{aligned}
\tau_{XZ} &= \frac{-K_{\text{III}}}{\sqrt{2\pi r}} \sin \frac{\theta}{2} \\[2mm]
\tau_{YZ} &= \frac{K_{\text{III}}}{\sqrt{2\pi r}} \cos \frac{\theta}{2}
\end{aligned}
\right\}
\tag{3.5}
$$

式中：K_{III} 为 III 型裂隙强度因子，$K_{\text{III}} = \tau \sqrt{\pi a}$，$\tau$ 为剪应力。

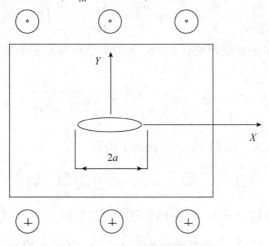

图 3.8 III 型裂隙

1. 岩体卸荷损伤的等效准则

随着岩土工程的发展，岩体的评价方法也得到了较快的发展。目前岩体评价方法主要有 RMR 法、Q 值法、GSI 法等。由于采用的参数不同，不同的岩体评价方法具有不同的优缺点。因此，Hoek 提出了 GSI（Geological Strength Index）岩体评价方法（简称 GSI 法），该法考虑了工程对于岩体的扰动效应，对于扰动过的岩体稳定性评价较为准确。由于节理在岩体中是普遍存在的，所以对于裂隙岩体，Hoek 等提出的破坏准则为

$$\sigma_1 = \sigma_3 + \sigma_{ci}\left(m_b \frac{\sigma_3}{\sigma_{ci}} + s\right)^a \tag{3.6}$$

式中：m_b 为裂隙岩体材料的 Hoek-Brown 常数；s、a 为与岩体材料相联系的常数；σ_1 为破坏时最大主应力；σ_3 为破坏时最小主应力；σ_{ci} 为完整岩石的抗压强度。

$$s = \exp\left(\frac{GSI - 100}{9 - D}\right) \tag{3.7}$$

$$m_b = m_i \exp\left(\frac{GSI - 100}{28 - 14D}\right) \tag{3.8}$$

$$a = \frac{1}{2} + \frac{1}{6}\left(\exp(-GSI/15) - \exp(-20/3)\right) \tag{3.9}$$

式中：D 为扰动系数，与开挖卸荷导致的应力释放和损伤有密切联系。对于没有扰动的岩体来说，$D = 0$；对于扰动很大的岩体，$D = 1$；对于其他情况，其值在 $0 \sim 1$ 之间。

对于平面问题，假设在卸荷岩体中只存在两种损伤模式，即张开型损伤和滑移型损伤，这两种损伤均有可能发生，因此根据叠加原理，岩体的应力分布为

$$\left.\begin{aligned}
\sigma_Y &= \sigma_{Y1} + \sigma_{Y2} = \frac{K_I}{\sqrt{2\pi r}}\cos\frac{\theta_1}{2}\left(1 - \sin\frac{\theta_1}{2}\sin\frac{3\theta_1}{2}\right) + \frac{-K_{II}}{\sqrt{2\pi r}}\sin\frac{\theta_2}{2}\left(2 + \cos\frac{\theta_2}{2}\cos\frac{3\theta_2}{2}\right) \\
\sigma_Z &= \sigma_{Z1} + \sigma_{Z2} = \frac{K_I}{\sqrt{2\pi r}}\cos\frac{\theta_1}{2}\left(1 + \sin\frac{\theta_1}{2}\sin\frac{3\theta_1}{2}\right) + \frac{K_{II}}{\sqrt{2\pi r}}\cos\frac{\theta_2}{2}\sin\frac{\theta_2}{2}\cos\frac{3\theta_2}{2} \\
\tau_{ZY} &= \tau_{ZY1} + \tau_{ZY2} = \frac{K_I}{\sqrt{2\pi r}}\cos\frac{\theta_1}{2}\sin\frac{\theta_1}{2}\sin\frac{3\theta_1}{2} + \frac{K_{II}}{\sqrt{2\pi r}}\cos\frac{\theta_2}{2}\left(1 - \sin\frac{\theta_2}{2}\sin\frac{3\theta_2}{2}\right)
\end{aligned}\right\} \tag{3.10}$$

式中：r 为缝端某点与水平轴的距离；θ_1、θ_2 为缝端某点与水平轴的夹角。

又由于

$$\left.\begin{aligned}\sigma_1 \\ \sigma_3\end{aligned}\right\} = \frac{\sigma_Y + \sigma_Z}{2} \pm \sqrt{\frac{(\sigma_Y - \sigma_Z)^2}{2} + \tau_{YZ}^2} \tag{3.11}$$

把式（3.11）代入式（3.6）中，并化简，则有

$$2\sqrt{\frac{(\sigma_Y - \sigma_Z)^2}{2} + \tau_{YZ}^2} = \sigma_{ci}\left(m_b\frac{\sigma_3}{\sigma_{ci}} + s\right)^a \tag{3.12}$$

将式（3.7）、（3.8）、（3.9）、（3.10）代入式（3.13）中，则有

$$2\sqrt{\frac{(\sigma_Y - \sigma_Z)^2}{2} + \tau_{YZ}^2} = \sigma_{ci}\left[m_i\exp\left(\frac{GSI - 100}{28 - 14D}\right)\frac{\sigma_3}{\sigma_{ci}} + \exp\left(\frac{GSI - 100}{9 - D}\right)\right]^{\frac{1}{2} + \frac{1}{6}(\exp(-GSI/15) - \exp(-20/3))}$$

$$\tag{3.13}$$

式中：$\dfrac{(\sigma_Y - \sigma_Z)^2}{2} + \tau_{YZ}^2 = \dfrac{1}{4\pi r}\left[(A - B - 2C)^2 + 2\left(\frac{1}{2}A + D - \frac{1}{2}E\right)^2\right]$，且 $A = K_I\sin\theta_1\sin\dfrac{3\theta_1}{2}$，$B = K_{II}\sin\theta_2\cos\dfrac{3\theta_2}{2}$，$C = K_{II}\sin\dfrac{\theta_2}{2}$。$D = K_{II}\cos\dfrac{\theta_2}{2}$，$E = K_{II}\sin\theta_2\sin\dfrac{3\theta_2}{2}$，$\sigma_Y + \sigma_Z = \sqrt{\dfrac{2}{\pi r}}\left(K_I\cos\dfrac{\theta_1}{2} - K_{II}\sin\dfrac{\theta_2}{2}\right)$；$m_i$ 为岩石材料的 Hoek-Brown 常数。

由于 $\theta_1 = \theta_2$，因此当 $\theta_1 = 90$ ℃时，则式（3.13）变为

$$\sqrt{\frac{1}{\pi r}\left(\frac{3}{4}K_{\mathrm{I}}^2 + \frac{3}{2}K_{\mathrm{I}}K_{\mathrm{II}} + \frac{27}{4}K_{\mathrm{II}}^2\right)} = \sigma_{\mathrm{ci}}\left[m_{\mathrm{i}}\left(\frac{GSI-100}{28-14D}\right)\frac{\dfrac{1}{\sqrt{\pi r}}\left(K_{\mathrm{I}} - K_{\mathrm{II}} - \sqrt{\dfrac{3}{4}K_{\mathrm{I}}^2 + \dfrac{3}{2}K_{\mathrm{I}}K_{\mathrm{II}} + \dfrac{27}{4}K_{\mathrm{II}}^2}\right)}{\sigma_{\mathrm{ci}}}\right.$$
$$\left. + \exp\left(\frac{GSI-100}{9-D}\right)\right]^{\frac{1}{2}+\frac{1}{6}(\exp(-(GSI/15)) - \exp(-20/3))} \tag{3.14}$$

式（3.14）即为岩体开挖卸荷后，岩体地质力学参数 GSI 与裂纹强度因子 K 之间的关系，是一个岩体分类的等效关系式。

2. 穿透型裂隙岩体的卸荷损伤

1）法向水压力作用下穿透型裂隙卸荷损伤的裂纹强度因子

在卸荷过程中，饱和岩体裂隙中存在的水压力将会对裂隙面上的每一点形成一个均匀的压力荷载，在这种水压力作用下，裂隙将会有一种张开的趋势，这与张开型损伤相符合。由弹性断裂力学原理知，当几个荷载同时作用在一个物体上时，则荷载组在某一点引起的应力和位移等于各个单个荷载在该点处引起的应力和位移分量之和。对于裂隙中有水压力存在的情况，可以采用叠加原理来进行处理，如图 3.9 所示，其中裂隙中的水压力是 p。图 3.9（a）可以看成是由图 3.9（b）、（c）、（d）叠加而成的，图 3.9（b）可以看成是一个受到双向压力作用下的无裂隙的压力平板，故其裂纹强度因子是 0。对于图 3.9（c）所示的裂隙的应力分布可由式（3.3）表示。对于图 3.9（d）所示的情况，可根据断裂力学原理，对其进行求解。假设在裂隙壁面上某点存在一对集中力 q，该力与裂隙中心相距 b，且 $b<a$（a 为裂隙的宽度），则有

$$K_{\mathrm{I}} = \frac{2q \cdot \sqrt{a} \cdot \sqrt{a^2 - b^2}}{\sqrt{\pi} \cdot (a^2 - b^2)} = \frac{2q \cdot \sqrt{a}}{\sqrt{\pi} \cdot (a^2 - b^2)} \tag{3.15}$$

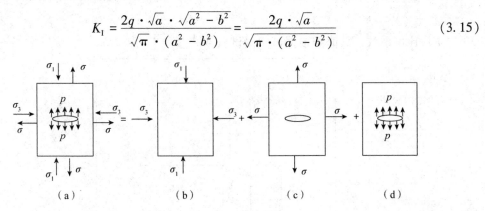

图 3.9 应力场叠加原理

式（3.15）的参数意义与前文相同。根据式（3.15），由叠加原理可知，当均布荷载只在 $x = \pm a_1$ 范围内存在时，$a_1 < a$，取微段 db，则在 db 上受到的载荷为 pdb，可看成集中力，则用 pdb 代替式（3.15）中的 q，并利用叠加原理可得

$$K_{\mathrm{I}} = \int_0^{a_1} \frac{2pdb}{\sqrt{a^2 - b^2}} \cdot \sqrt{\frac{a}{\pi}} \tag{3.16}$$

在式（3.16）中，令 $b = a\sin\theta$，则有 $\sqrt{a^2 - b^2} = a\cos\theta$，$\mathrm{d}b = a\cos\theta \cdot \mathrm{d}\theta$，代入式（3.16）积分后，可得

$$K_1 = 2p\sqrt{\frac{a}{\pi}} \int_0^{\arcsin(a_1/a)} \frac{a\cos\theta\mathrm{d}\theta}{a\cos\theta} = 2p\sqrt{\frac{a}{\pi}} \arcsin\left(\frac{a_1}{a}\right) \tag{3.17}$$

当 p 在整个裂隙表面均存在时，也就是说，水压力均匀地分布在裂隙的整个表面，这时，只要用 a 来替代式（3.17）中的 a_1，即可得到充满水的裂隙中的裂纹强度因子的值，即

$$K_1 = 2p\sqrt{\frac{a}{\pi}} \arcsin\left(\frac{a_1}{a}\right) = 2p\sqrt{\frac{a}{\pi}} \cdot \frac{\pi}{2} = p \cdot \sqrt{\pi a} \tag{3.18}$$

式（3.18）为不考虑卸荷应力场，仅仅考虑裂隙水压力对裂隙的作用时，所得到的裂纹强度因子。

在卸荷过程中，当裂隙中充满水时，裂隙水压力存在，在这种情况下的裂纹强度因子，即为式（3.3）中的裂纹强度因子与式（3.18）中的裂纹强度因子的叠加，可表示为

$$K_1 = \sigma\sqrt{\pi a} + p \cdot \sqrt{\pi a} = (\sigma + p) \cdot \sqrt{\pi a} \tag{3.19}$$

2）法向和切向水压力联合作用下的穿透型裂隙的卸荷损伤的裂纹强度因子

当饱和岩体发生卸荷损伤时，如果岩体中裂隙穿透平面，并且水压力有一个持续的补给，保证裂隙中的水压力处于一个正值。通常岩体裂隙的长度比宽度要大得多，因此，假设在任意点处法向应力均相等，剪应力均相等，岩体裂隙中某点的水压力 F 可以分解为两个力，一个为法向应力 P，另一个则为剪应力 Q，对于岩体裂隙内部某点的水压力，如图3.10所示。该处水压力可以表示为

$$F = P - iQ \tag{3.20}$$

式中：i 为比例系数，其值需根据试验测试获取。

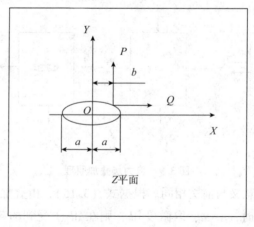

图3.10　Z平面

根据复变函数中的共形映射原理，可以将图3.10中 Z 平面上的一条裂纹变为 η 平面上的一个单位圆，如图3.11所示，经变换、化简，最终则有

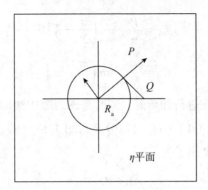

图 3.11 η 平面

$$K_{\mathrm{I}} = \frac{P}{2\sqrt{\pi a}}\left(\frac{a+b}{a-b}\right)^{\frac{1}{2}} + \frac{Q}{2\sqrt{\pi a}}\left(\frac{k-1}{k+1}\right) \tag{3.21}$$

$$K_{\mathrm{II}} = -\frac{P}{2\sqrt{\pi a}}\left(\frac{k-1}{k+1}\right) + \frac{Q}{2\sqrt{\pi a}}\left(\frac{a+b}{a-b}\right)^{\frac{1}{2}} \tag{3.22}$$

式中：在平面应力情况下，$k = \dfrac{3-\mu}{1+\mu}$；对于平面应变情况下，$k = 1+\mu$；μ 为岩体的泊松比。

对水压力作用下的裂隙局部分析，如图 3.12 所示，裂隙宽度为 $3a$，利用式（3.21）和式（3.23），根据叠加原理，可得到如下的裂纹强度因子计算公式，即

$$K_{\mathrm{I}} = \frac{P}{\pi}\sqrt{\pi a}\left[\arcsin\frac{b}{a} - \arcsin\frac{c}{a} - \left(\sqrt{1-\frac{b}{a}} - \sqrt{1-\left(\frac{c}{a}\right)^2}\right)\right] \tag{3.23}$$

$$K_{\mathrm{II}} = \frac{Q}{\pi}\sqrt{\pi a}\left[\arcsin\frac{b}{a} - \arcsin\frac{c}{a} + \left(\sqrt{1-\left(\frac{b}{a}\right)^2} - \sqrt{1-\left(\frac{c}{a}\right)^2}\right)\right] \tag{3.24}$$

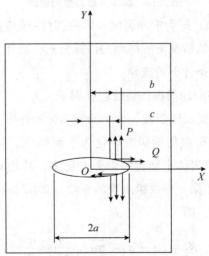

图 3.12 局部裂隙水压力分析

对式（3.23）、（3.24）中的 c、b 两值，分别取 $c=0$、$b=a$，则可以得到内水压力作用下的半裂隙岩体裂纹强度因子计算公式为

$$K_{\mathrm{I}} = \frac{P}{\pi} \sqrt{\pi a} \left(\frac{\pi}{2} + 1 \right) \tag{3.25}$$

$$K_{\mathrm{II}} = \frac{Q}{\pi} \sqrt{\pi a} \left(\frac{\pi}{2} + 1 \right) \tag{3.26}$$

当裂隙中充满水、岩体在进行卸荷时，同时考虑裂隙中法向水压力及水压力的剪切作用时，如图 3.13 所示，其中图 3.13（a）可以分解为图 3.13（b）、（c）、（d），而图 3.13（b）剪应力不存在，故其裂纹强度因子为

$$K_{\mathrm{I}} = \sigma \sqrt{\pi a} \tag{3.27}$$

$$K_{\mathrm{II}} = 0 \tag{3.28}$$

根据叠加原理，可以得到图 3.13（a）的裂纹强度因子的计算公式为

$$K_{\mathrm{I}} = \frac{2P}{\pi} \sqrt{\pi a} \left(\frac{\pi}{2} + 1 \right) + \sigma \sqrt{\pi a} \tag{3.29}$$

$$K_{\mathrm{II}} = \frac{2Q}{\pi} \sqrt{\pi a} \left(\frac{\pi}{2} + 1 \right) \tag{3.30}$$

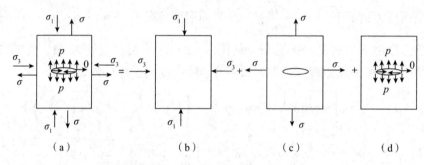

图 3.13　裂隙水压力叠加原理

式（3.29）和式（3.30）即为饱和裂隙岩体的卸荷-渗流的损伤裂纹强度因子计算公式。上述公式是在一种理想的情况下所得到的计算公式，而在实际中，由于各种条件的限制，其还仅仅是一种理想化条件下的推导。

3）Ⅰ型成组穿透型裂隙的卸荷损伤裂纹强度因子

通常，岩体中的裂隙均是成组出现。为了研究实际岩体中裂隙卸荷的损伤情况，在岩体中取一平面，则对岩体卸荷损伤的研究转化为平面问题，假设岩体中的裂隙是长度为 $2a$、间距为 $2b$ 的裂隙，同时岩体平面比裂隙要大得多，故相对于裂隙来说，可以认为该岩体平面为"无限大"。对于第一种成组出现的裂隙，如图 3.14 所示，其裂纹强度因子可以采用以下的公式进行计算，即

$$K_{\mathrm{I}} = (\sigma + p) \sqrt{\pi a} \sqrt{\frac{2b}{\pi a} \tan \frac{\pi a}{2b}} \tag{3.31}$$

式中：$(\sigma + p) \sqrt{\pi a}$ 为单个裂隙的裂纹强度因子的表达式；$\sqrt{\dfrac{2b}{\pi a} \tan \dfrac{\pi a}{2b}}$ 可看作是由于其他裂隙的存在，对裂纹强度因子的修正。

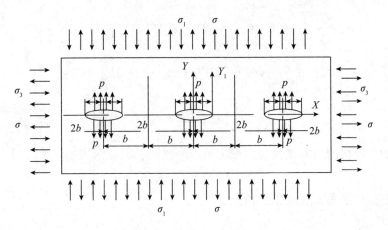

图 3.14　Ⅰ型成组裂隙

3. 岩体卸荷损伤的发展

岩体在卸荷过程中，随着卸荷量的增加，岩体的质量不断地发生劣化，在这一过程中，岩体中的裂隙将产生扩展，使岩体的渗透性增加。

根据断裂力学可知，当岩体裂隙的裂纹强度因子大于临界强度因子时，岩体裂隙将会扩展，对于纯Ⅰ型与纯Ⅱ型裂隙来说，只要满足以下条件，岩体裂隙将不会扩展，即

$$\left.\begin{array}{l} K_{\mathrm{I}} < K_{\mathrm{IC}} \\ K_{\mathrm{II}} < K_{\mathrm{IIC}} \end{array}\right\} \tag{3.32}$$

对于图 3.6 所示的Ⅰ型裂隙，其应力场用极坐标可以表示为

$$\left.\begin{array}{l} \sigma_r = \dfrac{K_I}{\sqrt{2\pi r}}\cos\dfrac{\theta}{2}\left(1 + \sin^2\dfrac{\theta}{2}\right) \\[3mm] \sigma_\theta = \dfrac{K_I}{2\sqrt{2\pi r}}\cos\dfrac{\theta}{2}(1 + \cos\theta) \\[3mm] \tau_{\theta r} = \dfrac{K_I}{2\sqrt{2\pi r}}\cos\dfrac{\theta}{2}\sin\theta \end{array}\right\} \tag{3.33}$$

对于图 3.7 所示的Ⅱ型裂隙，其应力场用极坐标可以表示为

$$\left.\begin{array}{l} \sigma_r = \dfrac{K_{\mathrm{II}}}{\sqrt{2\pi r}}\sin\dfrac{\theta}{2}\left(3\cos^2\dfrac{\theta}{2} - 2\right) \\[3mm] \sigma_\theta = \dfrac{-K_{\mathrm{II}}}{2\sqrt{2\pi r}}\left(3\cos\dfrac{\theta}{2}\sin\theta\right) \\[3mm] \tau_{\theta r} = \dfrac{K_{\mathrm{I}}}{2\sqrt{2\pi r}}\cos\dfrac{\theta}{2}(3\cos\theta - 1) \end{array}\right\} \tag{3.34}$$

由于在岩体中，一般两种裂隙同时存在，故对于平面问题，其裂隙尖端的应力场的极坐标可表示为

$$\left.\begin{array}{l} \sigma_r = \dfrac{1}{2\sqrt{2\pi r}}\big[K_{\mathrm{I}}(3 - \cos\theta) + K_{\mathrm{II}}(3\cos\theta - 1)\big]\sin\dfrac{\theta}{2} \\[3mm] \sigma_\theta = \dfrac{1}{2\sqrt{2\pi r}}\cos\dfrac{\theta}{2}\big[K_{\mathrm{I}}(1 + \cos\theta) - 3K_{\mathrm{II}}\sin\theta\big] \\[3mm] \tau_{\theta r} = \dfrac{K_{\mathrm{I}}}{2\sqrt{2\pi r}}\cos\dfrac{\theta}{2}\big[K_{\mathrm{I}}\sin\theta + K_{\mathrm{II}}(3\cos\theta - 1)\big] \end{array}\right\} \tag{3.35}$$

裂隙初始扩展将沿周向法向应力最大的方向发展，因此，当裂隙扩展时，则有

$$\sigma_\theta(2\pi r)^{1/2} = K_{\mathrm{IC}} \tag{3.36}$$

式中：σ_θ 为裂隙扩展角 θ 处的扩展拉应力。

从而可以得到

$$\frac{1}{2}\big[K_{\mathrm{I}}(1 + \cos\theta) - 3K_{\mathrm{II}}\sin\theta\big]\cos\frac{\theta}{2} = K_{\mathrm{IC}} \tag{3.37}$$

对于最大拉应力作用下的裂隙扩展角，取 σ_θ 对 θ 的导数，则有

$$\left.\begin{array}{l} \left(\dfrac{\partial\sigma_\theta}{\partial\theta}\right)_{r = r_0} = 0 \\[3mm] \dfrac{\partial^2\sigma_\theta}{\partial\theta^2} < 0 \end{array}\right\} \tag{3.38}$$

把式（3.38）和式（3.37）联立可得

$$\cos\frac{\theta_0}{2}\big[K_{\mathrm{I}}\sin\theta_0 + K_{\mathrm{II}}(3\cos\theta_0 - 1)\big] = 0 \tag{3.39}$$

式（3.39）求得的 θ_0 就是裂隙的开裂角。

对于纯 I 型裂隙：

当 $K_{\mathrm{II}} = 0$，$K_{\mathrm{I}} \neq 0$ 时，由式（3.39）可以解得 $\theta_0 = 0$ 或 π，$\theta_0 = \pi$，对应裂隙闭合；$\theta_0 = 0$，对应裂隙扩展。

这说明对于纯 I 型裂隙，裂隙将沿原裂隙面发生扩展。

对于纯 II 型裂隙：

当 $K_{\mathrm{I}} = 0$，$K_{\mathrm{II}} = \tau\sqrt{\pi a}$ 时，由式（3.39）可以解得 $K_{\mathrm{II}}(3\cos\theta_0 - 1)\big] = 0$，$\theta_0 = \pm 70.5°$，即为 II 型裂隙的开裂角。

3.2 卸荷岩体渗流模型

3.2.1 渗流-应力耦合模型

岩体由于其自身的特点，使得岩体的应力渗流特性与土体有着本质的区别。由于成岩作用及成岩环境的差异造就了岩体的物质基础和宏观结构，以及微观结构上的非均质性、

各向异性和不连续性，从而导致了岩体整体力学性质与岩石块体的不同，如岩体强度的弱化及渗流的复杂性。岩体卸荷后，将会在岩体中形成卸荷裂隙，岩体中卸荷裂隙的生成，使得岩体中裂隙扩展，初始闭合的裂隙将会张开，形成水渗流的通道。一些研究者倾向于认为：当裂隙网络由多组裂隙构成，裂隙间距与分析尺寸相比甚小时，可用连续介质理论研究裂隙岩体渗流。目前，对于岩体渗流的数学模型主要有以下几种：①等效连续介质模型；②离散裂隙网络模型；③双重介质模型。对于不同的岩体结构形式，采用不同的计算方法，如图 3.15 所示。

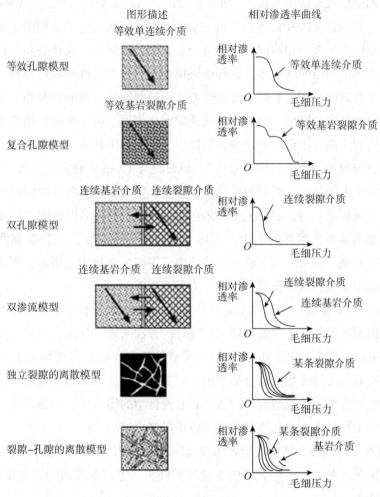

图 3.15 裂隙岩体渗流模型及其相对渗透率曲线

1. 等效连续介质模型

等效连续介质模型是把研究的对象看作是无间隙的连续介质，岩体介质中的空隙相互连通，水流充满了整个岩体介质。当岩体的孔隙度较大时，该模型认为岩石的孔隙介质和裂隙网络均匀分布于整个计算域内，裂隙岩体表现出与多孔连续介质相似的渗透特性，水位随空间连续分布。渗流场的求解以渗透张量为基础。该模型假定地下水在岩体中的流动服从Darcy 定律，渗透系数为岩体单元的平均值。Oda（1986）基于两个假定：①裂隙为弹性连续体；②每一裂隙由平行板组成，提出了渗流与应力耦合作用的等效连续渗流模型。Franklin（1991）在考虑各向异性渗透张量及应力和节理闭合的重要影响时，认为上述假定是可信的。但在等效连续介质模型中，对于单一裂隙，则3种情况必须予以考虑：①如断层那样的主要导水管道；②基于裂隙特性而非实测资料来预测岩体的渗透特性；③井周围裂隙网络的渗透系数很低，模拟水压断裂和油井注入。

2. 离散裂隙网络模型

离散裂隙网络模型最初由 wittke（1966）提出，后由 Louis（1968）、Wilson 和 Witherspoon（1974）、王恩志（1991）等作了进一步的发展。岩体经历了长期的地质作用，产生了不同类型、不同力学性质和不同规模的节理、裂隙及断裂面，这种裂隙个体在空间上相互交叉，构成了离散裂隙网络模型，该种渗流模型具有非均质性和各向异性。同时，由于裂隙网络中阻水裂隙的存在，裂隙的连通性差，引起裂隙中水流断续分布，这些互不连通的裂隙或存在阻水裂隙的网络，称为非连通裂隙网络模型。由于裂隙网络模型中裂隙的隙宽大小差异，引起大部分水流集中在少数裂隙内，这正如田开铭教授通过室内试验证明的那样，他称这种现象为"裂隙水偏流效应"，该研究与 Tsang 的研究相一致。

根据切尔内绍夫的观点，把裂隙网络进行分类：依据裂隙定向排列的相互关系（排列的整齐程度及几何形状），把裂隙分为系统类裂隙网络、多角形类裂隙网络和混乱类裂隙网络。依据裂隙末端相互配置的性质和岩体受裂隙的切穿程度，又将裂隙网络分为连续型、断续型和片断型。在实际分布的岩体系统内，裂隙大多是构造裂隙，因而系统类裂隙网络在实际中出现很多。该类模型可以细分为以下4类。

（1）Monte-Carlo 模型。由于实际岩体中裂隙网络的分布十分复杂，用人为调查方法无法描述岩体内裂隙的分布，因此只能采用统计的方法来进行分析，这种方法得到的模型就称为 Monte-Carlo 模型。建立 Monte-Carlo 模型的基本方法是在现场对裂隙进行抽样调查，取得裂隙指数的统计参数，再根据裂隙不同参数所服从的统计学规律，由计算机生成裂隙网络进行统计分析。该模型与实际情况具有统计学的等效性，但是对于三维问题，采用该种模型时的工作量太大，且迄今尚无有效手段进行解决。

（2）裂隙水力学模型。该模型把岩体渗流问题视为裂隙水力学问题。考虑到裂隙面的粗糙度及充填情况，对单一平行裂隙的流速进行修正，考虑裂隙面的粗糙度的修正系数。其渗透系数表述为

$$K_f = \frac{\rho g e^2}{12 \eta C} \tag{3.40}$$

式中：ρ 为水的密度；g 为重力加速度；e 为裂隙开度；η 为水的黏度；C 为裂隙面粗糙度修正系数，对于该系数，不同的学者提出了不同的计算方法。

Lomize（1951）认为，$C = \dfrac{1}{1 + 17\left(\dfrac{r_a}{2e}\right)^{1.5}}$。

Louis（1969）认为，$C = \dfrac{1}{1 + 8.8\left(\dfrac{r_a}{2e}\right)^{1.5}}$。

Eda F. de Quadros 认为，$C = \dfrac{1}{1 + 20.5\left(\dfrac{r_a}{2e}\right)^{1.5}}$。

式中：r_a 为裂隙最宽处与最窄处的差值。

（3）典型裂隙面模型。该模型对实际岩体的结构面进行比较详细的统计分析，找出优势结构面，即可将实际岩体抽象为由该几组裂隙面所分割的岩体结构。自 20 世纪 60 年代以来，国外学者便开始了该类模型的研究，如 Long（1985）将裂隙视为随机分布的圆盘；万力（1993）运用岩体中的大中型裂隙建立了裂隙网络渗流模型，假定裂隙为无限延伸的平面，岩体由其相互切割而呈多边形状。

（4）管道模型。该种模型是指以溶蚀管道相互交叉形成的管状网络含水介质，这种模型认为空间裂隙是由一系列平行圆管或相互交叉圆管所组成的，管道水流大多以层流为主。每一圆管的直径，也为结构面的开度，则总渗流量为每一管道渗流量总和。

3. 双重介质模型

双重介质模型是由学者 Barenblatt（1960）提出的，他把岩体看作由孔隙和裂隙组成的双重介质空隙结构，孔隙介质和裂隙介质均处于渗流区域内，形成连续介质系统，在该系统内，孔隙体积远大于裂隙的体积，而裂隙的导水性远高于孔隙的导水性，因此孔隙介质储水，裂隙介质导水。由于裂隙介质的导水作用，在双重介质模型内形成了两个水头，即孔隙介质中水头和裂隙介质中水头，基于 Darcy 定律分别建立两类介质的水流运动方程，这两种介质之间通过水流交换相联系。但是，该模型没有反映裂隙系统空间结构的不均匀性，以及其中水流普遍具有的各向异性，而且在同一点给出两个压力值是困难的，因此很多学者提出了自己的计算方法，如黎水泉、徐秉业（2000），提出了一种考虑介质参数随压力变化的双重介质非线性渗流模型，研究了孔隙水压力随着时间的变化规律。

3.2.2　初始条件及边界条件

1）初始条件

任一渗流作用，在初始条件 $t=0$ 时，给定渗流场中的每一点水头为 h，则有

$$h = h_0(x,\ y,\ z,\ 0) \tag{3.41}$$

式中：h_0 为 $t=0$ 时，每一个位置的压力水头，可以由所求的问题确定。

2）边界条件

由于岩体渗流问题非常复杂，导致其边界条件变得较为复杂。边界按渗水与否可分为渗透性边界与非渗透性边界；按物理方向可分为岩石与空气交界面、岩石与岩石交界面；按数学方向可分为定水头边界（第一类边界，即 Dirichlet 条件）、定通量边界（第二类边界，即 Cauchy 条件）、定梯度边界（第三类边界，即 Neumann 条件）或者是三者联合的边界，如图 3.16 所示。

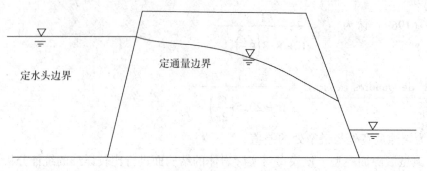

图 3.16　数学方向上的边界种类

对于给定水头的边界条件，即定水头边界，其稳定流体场为

$$h = h_D(x, y, z) \tag{3.42}$$

对于给定流量的边界条件，即定通量边界，其在各向同性介质中稳定流体场为

$$-K(\nabla H) \cdot \boldsymbol{n} = \boldsymbol{q}_C(x, y, z, t) \tag{3.43}$$

对于给定梯度的边界条件，即定梯度边界，其稳定流体场为

$$-K(\nabla H) \cdot \boldsymbol{n} = \boldsymbol{q}_N(x, y, z, t)$$

式中：(x, y, z) 为边界上点的坐标；h_D 为 Dirichlet 条件下的水头值；$\boldsymbol{q}_C$ 为 Cauchy 条件下的流量；$\boldsymbol{q}_N$ 为 Neumann 条件下的流量；$\boldsymbol{n}$ 为外法线方向上的单位向量；H 为总水头。

3.3　卸荷岩体渗流–应力耦合模型

3.3.1　立方定理的推导

假设水是不能压缩的，则流体的连续方程为

$$\frac{\partial(\rho V_x)}{\partial x} + \frac{\partial(\rho V_y)}{\partial y} + \frac{\partial(\rho V_z)}{\partial z} = 0 \tag{3.44}$$

对于平面二维问题，如图 3.17 所示，上式变为

$$\frac{\partial(\rho V_x)}{\partial x} + \frac{\partial(\rho V_y)}{\partial y} = 0 \tag{3.45}$$

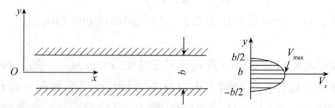

图 3.17　二维单裂隙水流示意

于是流体运动方程的微分可表示为

$$V_x \frac{\partial V_x}{\partial x} + V_y \frac{\partial V_x}{\partial y} = -\frac{1}{\rho} \frac{\partial p}{\partial x} + \frac{1}{\rho} \left(\frac{\partial p_{xx}}{\partial x} + \frac{\partial p_{yx}}{\partial y} \right)$$
$$\left.\begin{array}{l} \\ V_x \frac{\partial V_y}{\partial x} + V_y \frac{\partial V_y}{\partial y} = -\frac{1}{\rho} \frac{\partial p}{\partial y} + \frac{1}{\rho} \left(\frac{\partial p_{xy}}{\partial x} + \frac{\partial p_{yy}}{\partial y} \right) \end{array}\right\} \quad (3.46)$$

又由于裂隙隙宽相对很小，因此水流可视为沿 x 方向流动，即 $V_y \approx 0$

则式（3.46）变为

$$\left.\begin{array}{l} V_x \frac{\partial V_x}{\partial x} + V_y \frac{\partial V_x}{\partial y} = -\frac{1}{\rho} \frac{\partial p}{\partial x} + \frac{1}{\rho} \left(\frac{\partial p_{xx}}{\partial x} + \frac{\partial p_{yx}}{\partial y} \right) \\ \\ 0 = -\frac{1}{\rho} \frac{\partial p}{\partial y} + \frac{1}{\rho} \left(\frac{\partial p_{xy}}{\partial x} + \frac{\partial p_{yy}}{\partial y} \right) \end{array}\right\} \quad (3.47)$$

又由牛顿切应力公式知

$$p_{yy} = \eta \frac{\partial V_y}{\partial y}, \qquad p_{xy} = \eta \frac{\partial V_y}{\partial x}$$

$$p_{yx} = \eta \frac{\partial V_x}{\partial y}, \qquad p_{xx} = \eta \frac{\partial V_x}{\partial x}$$

同时，由于 $V_y \approx 0$，可得 $\frac{\partial V_y}{\partial y} = 0$，$\frac{\partial p}{\partial y} = 0$，将其代入式（3.45），则可得

$$\frac{\partial V_x}{\partial x} = 0 \quad (3.48)$$

将式（3.45）与式（3.47）结合，则得沿裂隙的水流方程为

$$\frac{\partial}{\partial y} \left(\eta \frac{\partial V_x}{\partial y} \right) = \frac{\partial p}{\partial x} \quad (3.49)$$

由于流体黏度 η 与坐标无关，所以式（3.49）变为

$$\frac{\partial^2 V_x}{\partial y^2} = \frac{1}{\eta} \frac{\partial p}{\partial x} \quad (3.50)$$

单裂隙水流的边界条件为

$$V_x \big|_{y=\frac{b}{2}} = 0$$
$$V_x \big|_{y=-\frac{b}{2}} = 0 \quad (3.51)$$

对式（3.50）进行二次积分，可得

$$V_x = \frac{1}{2\eta} \frac{\partial p}{\partial x} \cdot y^2 + C_1 y + C_2 \quad (3.52)$$

将边界条件式（3.51）代入式（3.52），则可以解得

$$C_1 = 0, \qquad C_2 = -\frac{b^2}{8\eta} \frac{\partial p}{\partial x}$$

将 $C_1 = 0$、$C_2 = -\frac{b^2}{8\eta} \frac{\partial p}{\partial x}$ 代入式（3.52）中，则可以得到

$$V_x = \frac{b^2}{8\eta} \partial \frac{\partial p}{\partial x} (4y^2 - b^2) \quad (3.53)$$

令水流压力梯度 $J_p = -\dfrac{\partial p}{\partial x}$ ，又由于 $p = \gamma(H - Z)$ ，则

$$J_p = -\frac{\partial p}{\partial x} = -\frac{\partial \gamma(H - Z)}{\partial x} = \gamma J_f \qquad (3.54)$$

将式（3.54）代入式（3.53）中，则式（3.53）变为

$$V_x = \frac{\gamma}{8\eta} \cdot J_f \cdot (4y^2 - b^2) \qquad (3.55)$$

式中：J_f 裂隙中的水力梯度，γ 为水的相对密度。

当 $y = 0$ 时，即沿裂隙中心轴线上流速最大，其值为

$$V_{x\max} = \frac{\gamma b^2}{8\eta} J_f \qquad (3.56)$$

因此，通过裂隙断面的单宽流量为

$$q = 2\int_0^{b/2} V_x \mathrm{d}x = \frac{\gamma}{4\eta} J_f \int_0^{b/2} (b^2 - 4y^2)\,\mathrm{d}y = \frac{\gamma b^3}{12\eta} J_f \qquad (3.57)$$

式（3.57）就是光滑、平行裂隙的立方定律。从公式中可以看到，裂隙的单宽流量与裂隙隙宽的立方成正比。但是实际的岩体的裂隙的渗流受到很多因素的影响，如裂隙的粗糙度、裂隙的充填度，以及岩体所处的应力状态。因此，对于不同粗糙程度的裂隙水流问题，有许多修正公式。在低应力时，裂隙的绝对粗糙度要小许多，因此裂隙渗流接近于平行板模型，其测量结果与光滑裂隙渗流公式计算结果基本吻合，裂隙岩体的渗流变化，主要与岩体裂隙的变形有关。

对于立方定律的适用范围许多人进行了研究。Witherspoon 等在法向应力作用下大理岩裂隙渗流研究的基础上，得出了如图 3.18 所示的规律。

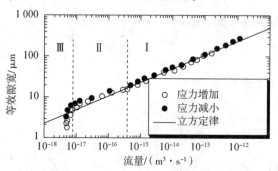

图 3.18　流量与等效隙宽的关系

3.3.2　法向应力对裂隙渗透系数的影响

对于给定的工程岩体，影响岩体渗流的主要因素是岩体孔隙度及裂隙的隙宽。当外部应力环境发生变化时，将导致岩体裂隙发生变化，从而对岩体的渗透特性产生较大的影响。

一般岩体的渗流特性由裂隙所主导，而裂隙又受粗糙度及隙宽的影响，同时裂隙面的几何粗糙度又与应力场有着密切的关系。当外在应力场发生变化时，由于裂隙强度较低，变形较大，因而裂隙面粗糙度及隙宽会随之改变，而导致裂隙渗流特性发生变化；另一方

面，当渗流压力较大时，也将会对裂隙的力学行为产生影响。

对于裂隙孔隙介质来说，其渗透系数可表示为

$$K = \frac{\gamma_w (b + s\Delta\varepsilon)^3}{12\eta s} \tag{3.58}$$

式中：s 为裂隙间距；b 为裂隙隙宽，$\Delta\varepsilon$ 为垂直裂隙的应变。

当垂直裂隙方向的应力变化为 $\Delta\sigma$ 时，其产生的总位移为

$$\Delta u = \Delta u_\text{s} + \Delta u_\text{f} = \left(\frac{s}{E} + \frac{1}{K_\text{n}}\right)\Delta\sigma \tag{3.59}$$

式中：Δu 为总位移量；Δu_s 为孔隙位移量；Δu_f 为裂隙位移量；K_n 为裂隙法向刚度。裂隙位移量为

$$\Delta u_\text{f} = \Delta\varepsilon\left(\frac{K_\text{n}}{E} + \frac{1}{s}\right)^{-1} \tag{3.60}$$

单裂隙渗透系数为

$$K = K_0\left(1 + \Delta\varepsilon\left[\frac{K_\text{n} b_0}{E} + \frac{b_0}{s}\right]^{-1}\right)^3 \tag{3.61}$$

由于初始裂隙隙宽 b_0 与裂隙间距 s 相比，$b_0 \ll s$，故式（3.61）可变为

$$K = K_0\left(1 + \Delta\varepsilon\left[\frac{K_\text{n} b_0}{E}\right]^{-1}\right)^3 \tag{3.62}$$

经化简，则式（3.62）变为

$$K = K_0\left(1 + \frac{\Delta b}{b_0}\right)^3 \tag{3.63}$$

3.3.3　饱和裂隙岩体卸荷渗流特征

对于加荷过程，宏观裂隙与其所受的法向应力之间的关系，有许多学者已进行了研究，如 Goodman（1976）提出单一破裂面法向应力与闭合量（隙宽变化量）的关系式为

$$\sigma_\text{n} = \sigma_\text{ni} + R\sigma_\text{ni}\left(\frac{\Delta b}{\Delta b_\text{max} - \Delta b}\right)^t \tag{3.64}$$

式中：σ_n 为裂隙面法向应力；σ_ni 为裂隙面初始法向应力；Δb 为裂隙面闭合量；Δb_max 为裂隙最大闭合量；R、t 为试验参数。

将式（3.64）与式（3.63）相结合，可以得到加荷时渗透系数与应力变化量之间的关系式，即

$$\frac{K}{K_0} = \frac{1}{(1 + A)^3} \tag{3.65}$$

式中：$A = \left(\dfrac{\sigma_\text{n} - \sigma_\text{ni}}{R\sigma_\text{ni}}\right)^{\frac{1}{t}}$。

Barton 在一系列单裂隙渗透系数与法向应力研究的基础上，认为对于单一裂隙面，裂隙面粗糙度及裂隙隙宽都将对渗透系数产生影响。根据试验结果，当应力作用于单一裂隙

时，会使裂隙面闭合，闭合量的大小将会对渗透系数产生影响。Barton 根据试验结果得到了法向应力与裂隙面闭合量之间的关系，如图 3.19 所示，并在此基础上，提出了裂隙面的双曲线模型，即

$$\sigma_n - \sigma_{ni} = \frac{\Delta b}{a - \beta \Delta b} \tag{3.66}$$

式中：a、β 为试验参数。

从图 3.19 中可以看出，岩体裂隙在加荷与卸荷过程中，裂隙面闭合曲线与法向应力是不同的，在加荷与卸荷过程中，裂隙面闭合量存在一个迟滞效应，也就是说，裂隙面在加荷过程中的闭合量与卸荷过程中的张开量存在差异。

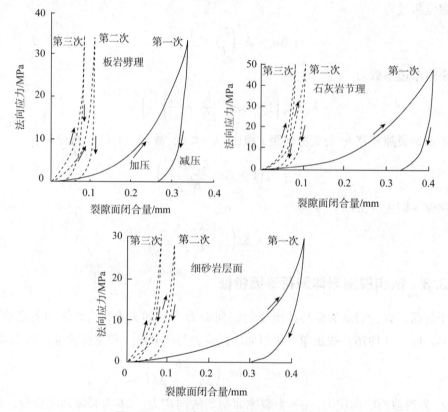

图 3.19　法向应力与裂隙面闭合量的关系

由于卸荷过程中应力与隙宽变化量之间呈现非线性，因此，建立卸荷过程中试件裂隙面张开量与法向应力之间的关系方程，即

$$\sigma_n = \sigma_{ni} - R\sigma_{ni}\left(\frac{\Delta b}{b_{ini} + \Delta b}\right)^r \tag{3.67}$$

则有

$$\frac{\sigma_{ni} - \sigma_n}{\sigma_{ni}} = R\left(\frac{\Delta b}{b_{ini} + \Delta b}\right)^r \tag{3.68}$$

式中：σ_n 为裂隙面法向应力；σ_{ni} 为裂隙面初始法向应力；Δb 为裂隙面张开量；b_{ini} 为初始应力 σ_{ni} 下裂隙面张开量；R、r 为试验参数。

因此，由式（3.68）可得

$$\Delta b = \frac{(\xi/R)^{\frac{1}{r}} b_{\mathrm{ini}}}{1 - (\xi/R)^{\frac{1}{r}}} \tag{3.69}$$

式中：$\xi = \dfrac{\sigma_{\mathrm{ni}} - \sigma_{\mathrm{n}}}{\sigma_{\mathrm{ni}}}$ 为应力卸荷比。

由于渗透系数的变化主要是裂隙隙宽的变化所引起的，因此，假设岩体初始渗透系数为 K_0，初始裂隙隙宽为 b_0，根据立方定律，则有

$$K_0 = \frac{g b_0^3}{12 \eta s}$$

对于裂隙岩体来说，则有

$$\frac{K}{K_0} = \left(1 + \frac{\Delta b}{b_0}\right)^3 = \left[1 + \frac{(\xi/R)^{\frac{1}{r}}}{\left(1 - (\xi/R)^{\frac{1}{r}}\right)}\right]^3 = \frac{1}{\left(1 - (\xi/R)^{\frac{1}{r}}\right)^3} \tag{3.70}$$

3.4　非平行裂隙水头分布特征

3.4.1　非平行裂隙水头分布公式推导

当岩体裂隙各点应力变化不同或由于物质充填、溶蚀，其裂隙的隙宽也将发生变化，沿着流体流动方向，裂隙将会形成 3 种形式，第一种为扩散型裂隙，如图 3.20 所示；第二种则为收缩型裂隙，如图 3.21 所示；第三种为上述研究的平行裂隙，裂隙仍保持平行。

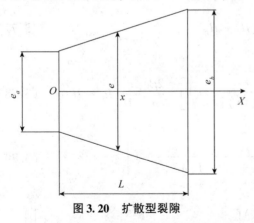

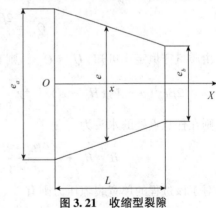

图 3.20　扩散型裂隙　　　　　　　图 3.21　收缩型裂隙

设流体沿 X 轴方向流动，对于扩散型裂隙（见图 3.20），假设裂隙长度为 L；左边宽度为 e_a，其水头（也称水压力）为 H_0；右边宽度为 e_b，其水头为 H_L；裂隙任一点处的稳定流量为 Q；裂隙隙宽为 e；则根据立方定律可得

$$Q = -\frac{\gamma e^3}{12\eta} \frac{\mathrm{d}H}{\mathrm{d}x} \tag{3.71}$$

式中：γ 为流体的相对密度，η 为流体的黏度。

于是有

$$dH = - Q \frac{12\eta}{\gamma e^3} dx \tag{3.72}$$

假设 $\lambda = \dfrac{x}{L}$，则式（3.72）变为

$$dH = - Q \frac{12\eta}{\gamma e^3} L d\lambda = - Q d\lambda / \beta e^3 \tag{3.73}$$

式中：$\beta = \dfrac{\gamma}{12\eta L}$。

假设 $a = \dfrac{e_b}{e_a}$，$a > 1$，对于任一点 x 处，其隙宽为

$$e = e_a [1 + (a - 1)\lambda] \tag{3.74}$$

从式（3.73）可知，水头 H 是 λ 的函数，则可以表示为 $H = H(\lambda)$。

当 $\lambda = 0$ 时，则有 $H_0 = H(0)$；当 $\lambda = 1$ 时，则有 $H_L = H(1)$。

对式（3.73）左右两侧同时积分，则任意点处的水头为

$$H_0 - H = \frac{Q}{\beta e_a^3} \int_0^\lambda \frac{d\lambda}{[1 + (a-1)\lambda]^3} = - \frac{Q}{2\beta e_a^3 (a-1)} \left[\frac{1}{[1 + (a-1)\lambda]^2} - 1 \right] \tag{3.75}$$

则在 x 处的流量为

$$Q_e = 2\beta e_a^3 (a - 1)(H_0 - H) / \left[\frac{1}{[1 + (a-1)\lambda]^2} - 1 \right] \tag{3.76}$$

在出口处 e_b 的流量为

$$Q_{e_b} = \frac{2\beta e_a^3 a^2}{a + 1}(H_0 - H_L) \tag{3.77}$$

由质量守恒定律可知，$Q_e = Q_{e_b}$，则有

$$2\beta e_a^3 (a - 1)(H_0 - H) / \left[\frac{1}{[1 + (a-1)\lambda]^2} - 1 \right] = \frac{2\beta e_a^3 a^2}{a + 1}(H_0 - H_L) \tag{3.78}$$

则在任意点处的水头为

$$H = H_0 + \frac{a^2 (H_0 - H_L)}{a^2 - 1} \left[\frac{1}{[1 + (a-1)\lambda]^2} - 1 \right] \tag{3.79}$$

对于该过程的单宽裂隙压力则有

$$p/\gamma_w = \int_0^1 H dx = L \int_0^1 H d\lambda = LH_0 + \frac{a^2 L(H_0 - H_L)}{a^2 - 1} \left[- \frac{1}{(a-1)[1 + (a-1)\lambda]} - \lambda \right] \Big|_0^1 \tag{3.80}$$

对式（3.80）求积，则压力 p 可表示为

$$p = \gamma_w \left[LH_0 - \frac{aL(H_0 - H_L)}{a + 1} \right] \tag{3.81}$$

式中：γ_w 为水的单位重度。

对于收缩型裂隙，其裂隙情况与扩散型裂隙恰好相反。此时，流体的流向仍沿 X 方向进行流动。对于该种情况（见图 3.21），仍假设裂隙长度为 L；左边宽度为 e_a，其水头为 H_0；右边宽度为 e_b，其水头为 H_L；裂隙任一点处的流量为 Q；裂隙隙宽为 e。则根据扩散型裂隙的推导过程，可以得到收缩型裂隙的水头分布公式，以及在流动过程中的压力表达式为

$$H = H_0 + \frac{a^2(H_0 - H_L)}{a^2 - 1}\left[\frac{1}{\left[1 + (a-1)\lambda\right]^2} - 1\right] \qquad (3.82)$$

单宽裂隙压力表达式为

$$p = \gamma_w\left[LH_0 - \frac{aL(H_0 - H_L)}{a + 1}\right] \qquad (3.83)$$

可以看出，式（3.82）与式（3.79）、式（3.83）与式（3.81）具有相同的表达形式，唯一不同的是对于收缩型裂隙，表达式中的 a 与扩散型裂隙相反，其中

$$a = \frac{e_b}{e_a}, \qquad a < 1 \qquad (3.84)$$

对于以上的推导，可用以下例题进行验证。

[例题] 裂隙的水力学参数为：左侧的水头值为恒定值，$H_0 = 0.8$ m；流体只能在裂隙中流动，岩块为不透水边界；右侧也为恒定的水头值，$H_L = 0.4$ m；裂隙长度 L 为 $L = 0.14$ m。根据上述的参数，请分别对扩散型裂隙和收缩型裂隙这两种情况进行分析。

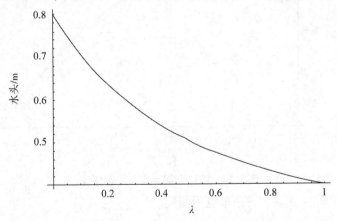

图 3.22　扩散型裂隙水头分布曲线

解： 对于扩散型裂隙，取 $a = 2$，则裂隙中的水头分布曲线如图 3.22 所示。图 3.23 为平行裂隙的水头分布曲线，两者对比，可以发现，对于扩散型裂隙其水头分布曲线处在平行裂隙水头分布曲线的下方，这说明扩散型裂隙中任意一点的水头均小于平行裂隙与该点对应的同一点处的水头（除了裂隙的两端点）。

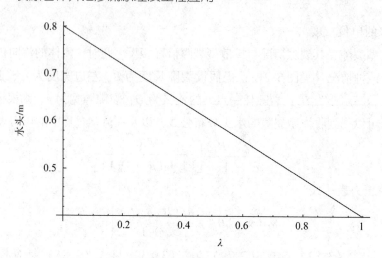

图 3.23 平行裂隙水头分布曲线

对于收缩型裂隙来说，取 $a = 0.5$，则裂隙中的水头分布曲线如图 3.24 所示，与图 3.23 相比，可知收缩型裂隙中任意一点的水头均高于平行裂隙中与该点对应的同一点处的水头（除了裂隙的两端点）。也就是说，在该过程中，流体具有较高的压力。

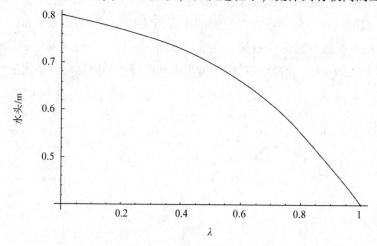

图 3.24 收缩型裂隙水头分布曲线

当 a 取不同值时，裂隙水头分布也不相同。

对于扩散型裂隙，取 a 为 2~10，图 3.25 为该种情况的水头分布曲线。从图中可以看出，随着 a 值的增大，裂隙中水头下降，水头曲线下凹越大，水头曲线的曲率越大。可以认为，水头曲线与 λ 轴所围成的面积即为流体在流过裂隙时所具有的压力，亦即随着 a 值的增加，流体在流经裂隙时，其所具有的压力越低。

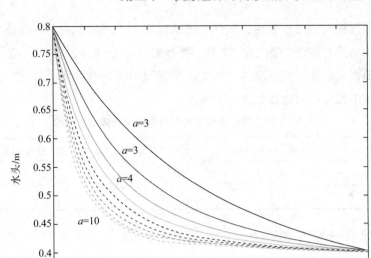

图 3.25 扩散型裂隙不同 a 值的水头分布曲线

对于收缩型裂隙来说，取 a 为 $\frac{1}{10} \sim \frac{1}{2}$，图 3.26 是该种情况的水头分布，从图中可以看出，随着 a 值的减小，裂隙中水头下降，水头曲线越凸，水头曲线的曲率越大。可以认为，水头曲线与 λ 轴所围成的面积即为流体在流过裂隙时所具有的压力，亦即随着 a 值的降低，流体在流经裂隙时，其所具有的压力越高。因此，可以认为本书得到的公式对于扩散型裂隙与收缩型裂隙水头分布的预测较为理想。

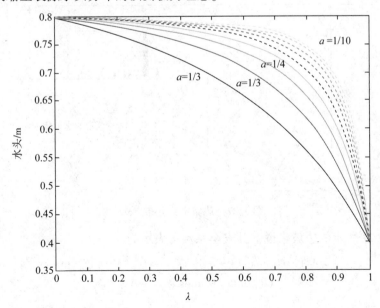

图 3.26 收缩型裂隙不同 a 值的水头分布

对于扩散型裂隙（$a=2$）来说，流体在流动过程中，其具有的水头较低，使得流体在整个流动过程中所具有的压力最小；对于收缩型裂隙（$a=0.5$）来说，流体在流动过程中，其所具有的水头较高，使得流体在整个流动过程中所具有的压力较大。3 种不同裂隙形式的单宽裂隙中流体压力比较如表 3.1 所示。

表 3.1　3 种不同裂隙形式的单宽裂隙中流体压力比较

水力参数	平行裂隙（$a=1$）	扩散型裂隙（$a=3$）	收缩型裂隙（$a=0.5$）
$H_0=0.8$ m	0.084γ_w	0.074 666 7γ_w	0.093 333 3γ_w
$H_L=0.4$ m			

3.4.2　水头分布方式对边坡安全系数的影响

地下水是影响边坡稳定性的一个重要因素。地下水对边坡岩体通常产生静水压力、动水压力，以及降低岩土体的强度参数等方面的影响。地下水压力改变着边坡岩体的力学状态，地下水压力的增加，导致边坡稳定性明显降低，这常常是边坡破坏的重要突变因素之一。因此在进行岩体边坡的分析中，裂隙中的水头分布方式对于边坡的安全系数的确定有较大的影响。对于岩体边坡中的水头分布方式一般均采用 Hoek 提出的水头分布方式，如图 3.27 所示。当裂隙为平行裂隙时，其水头分布与图 3.27 所示的水头分布方式相符，而裂隙由于各种原因，也许不是平行裂隙，则根据其水头分布方式计算得到的边坡安全系数将会出现变化，因此，根据上节提出的非平行裂隙（即扩散型裂隙和收缩型裂隙）的水头公式进行了边坡安全系数的计算，并和图 3.27 所示的传统计算方法进行了对比分析。

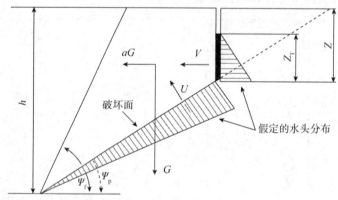

图 3.27　边坡水头分布方式

对于图 3.27 所示的边坡来说，其安全系数可表示为

$$F = \frac{cA + \left[G(\cos \psi_p - a\sin \psi_p) - U - V\sin \psi_p \right]\tan \varphi}{G(\sin \psi_p - a\cos \psi_p) + V\cos \psi_p} \qquad (3.85)$$

式中：Z 为裂隙的深度，$Z = h(1 - \sqrt{\cot \psi_f \tan \psi_p})$；$A$ 为裂隙面长度，$A = (h - Z) \times$ cosec ψ_p；$G = \frac{1}{2}\gamma h^2 \left[(1 - (Z/h)^2\cot \psi_p - \cot \psi_f \right]$；$U$ 为裂隙面上的压力，对于平行裂隙，

$U = \dfrac{1}{2}\gamma_w Z_w A$，当裂隙为非平行裂隙时，则根据其形状，采用式（3.81）和式（3.83）来进行计算；V 为水平方向水头，$V = \dfrac{1}{2}\gamma_w Z_w^2$。

边坡的各种计算参数如表 3.2 所示。

表 3.2　边坡的计算参数

边坡高度 h/m	边坡角度 $\Psi_f/(°)$	破坏面倾角 $\Psi_p/(°)$	黏聚力 c/kPa	摩擦角 $f/(°)$	岩石容重 $/(kg \cdot m^{-3})$	水的容重 $/(kg \cdot m^{-3})$	地震加速度 $G/(m \cdot s^{-2})$
60	50	35	150	30	2 600	1 000	0.08

对于不同的裂隙形状，当饱水时，$Z_w = Z$，则其计算得到的安全系数如表 3.3 所示。

表 3.3　边坡安全系数计算结果对比分析

破坏面形状	a 值	安全系数	Ⅱ与Ⅰ比较	Ⅲ与Ⅰ比较	Ⅲ与Ⅱ比较
平行裂隙（Ⅰ）	1	1.685 9			
扩散型裂隙（Ⅱ）	2	1.972 3	+0.286 4	−0.286 4	−0.572 8
收缩型裂隙（Ⅲ）	0.5	1.399 5			
	0.4	1.317 6		−0.368 3	
	0.3	1.223 0		−0.462 9	
	0.1	1.113 0		−0.572 9	

注：负号表示安全系数降低。

从表 3.3 中可以看出，随着裂隙形状的不同，其边坡的安全系数也发生了变化，三者中收缩型裂隙的安全系数最小，其次为平行裂隙，扩散型裂隙的安全系数最大；如果边坡处于临界状态，但依然采用平行裂隙的水头分布方式分析岩体边坡，则会过高地评估边坡的安全系数，从而导致事故的发生。

3.4.3　水头分布方式对隧道安全系数的影响

对于高压富水区山岭隧道衬砌结构体系来说，地下水荷载是设计时需要考虑的重要荷载，其严重影响衬砌结构的受力特性。衬砌的承载能力直接关系到运营期间隧道的安全性。本节介绍不同水头分布方式对隧道安全系数的影响，水头分布方式用泄水区位置和泄水压力值表示。泄水区间中部和环向盲管截面处衬砌各监测点内力计算结果见表 3.4 和表 3.5。

表3.4 泄水区间中部衬砌各监测点内力计算结果

泄压值/MPa	拱顶		拱肩		拱腰		拱脚		仰拱	
	轴力/kN	弯矩/(kN·m)	轴力/kN	弯矩/(kN·m)	轴力/kN	弯矩/(kN·m)	轴力/kN	弯矩/(kN·m)	轴力/kN	弯矩/(kN·m)
0.2	154.7	79.6	228.3	49.0	891.1	74.2	2 710	117.7	429.1	158.2
0.4	157.2	82.2	232.4	51.5	908.3	75.4	2 750	117.7	396.1	161.3
0.6	157.7	85.3	236.0	52.8	924.7	75.7	2 760	118.6	381.5	166.0
0.8	162.9	86.4	235.8	52.9	924.3	76.8	2 800	120.1	416.8	166.1

表3.5 环向盲管截面处衬砌各监测点内力计算结果

泄压值/MPa	拱顶		拱肩		拱腰		拱脚		仰拱	
	轴力/kN	弯矩/(kN·m)	轴力/kN	弯矩/(kN·m)	轴力/kN	弯矩/(kN·m)	轴力/kN	弯矩/(kN·m)	轴力/kN	弯矩/(kN·m)
0.2	163.4	17.1	225.8	6.6	270.3	0.4	294.4	12.0	38.1	16.3
0.4	177.0	17.3	234.9	6.7	275.7	0.7	294.4	12.0	36.4	16.6
0.6	179.9	18.0	241.9	6.8	278.9	0.8	296.6	12.1	36.8	16.5
0.8	188.1	19.0	245.8	7.0	280.1	0.9	296.5	12.2	35.8	16.4

由表3.4和表3.5分析可得，随着泄压值的增加，各监测点的内力均在逐渐增大。在泄水区间中部，最大弯矩值在仰拱处，泄压值依次增加0.2 MPa，对应弯矩值依次增大3.1、4.7、0.1 kN·m；最大轴力值在拱脚处，泄压值依次增加0.2 MPa，对应轴力值依次增大40、10、40 kN。在环向盲管截面处，弯矩最大值在拱顶，泄压值依次增加0.2 MPa，拱顶弯矩值依次增大0.2、0.7、1.0 kN·m；轴力最大值在拱脚处，泄压值依次增加0.2 MPa，拱脚轴力值增加幅度较小。环向盲管截面处仰拱的弯矩相比于泄水区间中部的仰拱弯矩值要小很多，主要由于衬砌结构是闭合的，且环向盲管截面处的衬砌整体受力相比泄水区间中部发生了改变，所以仰拱位置的弯矩值减小很多。

4种不同泄压值下衬砌结构安全系数分布如图3.28所示。

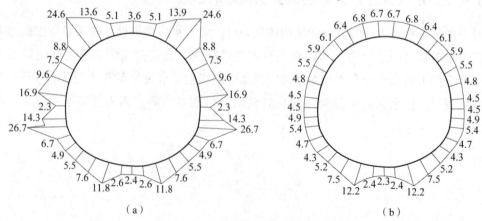

图3.28 衬砌结构安全系数分布

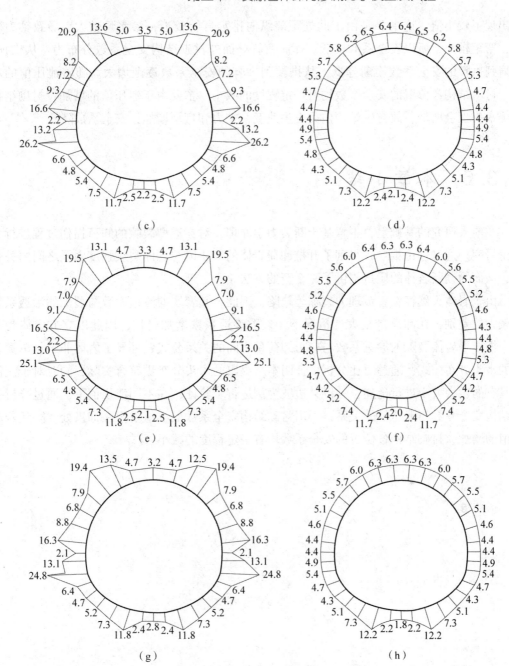

图 3.28　衬砌结构安全系数分布（续）

（a）泄压值为 0.2 MPa 时泄水区间中部位置；（b）泄压值为 0.2 MPa 时环向盲管截面处；

（c）泄压值为 0.4 MPa 时泄水区间中部位置；（d）泄压值为 0.4 MPa 时环向盲管截面处；

（e）泄压值为 0.6 MPa 时泄水区间中部位置；（f）泄压值为 0.6 MPa 时环向盲管截面处；

（g）泄压值为 0.8 MPa 时泄水区间中部位置；（h）泄压值为 0.8 MPa 时环向盲管截面处

分析图 3.28 可得，衬砌结构安全系数最小值在仰拱处，主要由于隧道衬砌结构外侧排水系统均位于衬砌结构拱部，这对仰拱处的渗流水没有起到一定的疏导作用，且仰拱处的孔隙水头最大，所以其安全系数最低。泄水区间中部位置的安全系数分布为：在拱腰处也出现了较小值，这主要是由于此处距离纵向排水盲管较近，渗水量较大，导致轴力较大，弯矩较小，所以安全系数较低。环向盲管截面处衬砌结构安全系数分布为：从拱顶、拱肩到拱腰的安全系数逐渐降低，从拱腰到拱脚的安全系数逐渐增大。随着泄压值的增加，衬砌结构各位置的安全系数均有一定程度的减小，主要由于泄压值的增加，衬砌结构外侧水头也会增加，故衬砌结构内力发生改变，轴力和弯矩增加，安全系数降低。

3.5　本章小结

在前人研究的基础上，本章基于断裂力学原理，对穿透型裂隙的卸荷损伤过程进行了理论研究。通过理论推导，得到了开挖卸荷岩体的 GSI 值与岩体裂纹强度因子之间的关系式，从而为判断岩体的质量提供了一个新的方法。

由于岩体天然存在着节理、裂隙等缺陷，因此，其岩块的渗透系数与裂隙的渗透系数有较大的差别，在卸荷量较大的情况下，裂隙渗透系数增加较快，因此以立方定律为基础，推导了岩体裂隙的渗透系数与应力卸荷量之间的关系公式；推导了岩体非平行单宽裂隙的水头分布公式，通过对比分析，证明本书提出的水头分布更符合实际，同时对于流体所具有的压力大小进行论述，并以某边坡为例进行了验证；在不同泄压值下，通过分析衬砌结构安全系数与泄压值的关系，得出衬砌结构安全系数最小值发生在仰拱处，并随着泄压值的增加，衬砌结构各位置的安全系数均有一定程度的减小。

第四章
裂隙岩体卸荷渗流耦合试验

与加荷过程相比，岩体卸荷过程中渗流特性有较大差异。目前对于岩体渗流的研究，基本还以加载应力场与渗流场耦合关系研究为主，对卸荷段的岩体渗流与应力之间的耦合作用研究还较少。对于岩体来说，在漫长的地质形成过程中，经历了多次的地质构造作用，使得岩体中形成了许多的裂隙，由于卸荷过程中其变化与加载不同，因此，研究岩体卸荷过程中应力场与渗流场之间的耦合作用具有重要的意义。

4.1 裂隙岩体渗流试验基本过程

为了分析第三章所导出的裂隙岩体卸荷渗流力学模型的正确性，特设计了以下的试验。

利用南京电力自动化设备总厂生产的SJ-1A.G三轴剪力仪（见图4.1），研究软岩裂隙卸荷过程中渗流场与应力场之间的耦合关系，加荷、卸荷试验过程如图4.2所示。

图4.1 SJ-1A.G三轴剪力仪

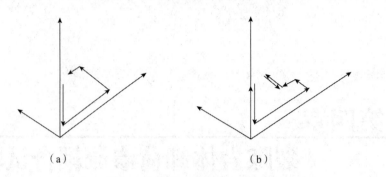

图 4.2　加荷、卸荷试验过程

(a) 第一种方式；(b) 第二种方式

试验中，采用两种方式，首先将试件单轴压缩接近屈服状态，以模拟岩体在地质应力作用形成的裂隙，然后进行卸荷，使轴向应力约等于 1 MPa，保持 30 min 不变；将围压加到 800 kPa，保持 30 min 不变，使 $\sigma_1 - \sigma_3$ 等于 1 MPa；加上水压，使试件处于一定的水头作用下，稳定 30 min。

对于第一种方式，进行围压的卸荷时，开始以 100 kPa 为一级，后期以 50 kPa 为一级，每级卸荷后，稳定 30 min；之后，开始排水，测定流量。停止测量后，稳定 30 min，进行下一级卸荷。重复上述过程，使围压卸荷比内水压力略高一点，约 10 kPa。

对于第二种方式，首先将围压卸荷到一定值，并保持不变，稳定 30 min；然后，排水进行流量测试；停止排水后，稳定 30 min，增大内水压力，每级为 100 kPa，分为两级，每级加荷后，稳定 30 min，并测量流量；停止测量后，进入下一级，直到 300 kPa，重复上述过程。之后，减小内水压力，每级为 100 kPa，直至减小到 100 kPa，测量过程与前面相同。最后，再重复上述过程一次。

当在相同的时间间隔内，流量变化保持一致时，则认为此时渗透系数为一定值，从而可以根据测量的水流量，通过计算得到不同压力下的等效渗透系数，其计算公式为

$$K_T = -\frac{QL}{AHt} \qquad (4.1)$$

式中：Q 为时间 t 内的水流量（cm^3）；L 为试样长度（cm）；A 为试样断面积（cm^2）；H 为水头差（cm）；t 为时间（s）。

岩石试件取自重庆大学 A 区沿江边坡，属于侏罗系中统沙溪庙组，风化砂岩，颜色为黄色，分布较广。同时，对于试验后的岩石试件，从细、微观的角度进行了研究，采用电子显微镜对断面扫描，利用光学显微镜对试件光学薄片进行了分析，从细观的角度，探讨了岩体在卸荷损伤过程中的细、微观变化，以及渗流对于岩体组构的影响。

4.2　裂隙岩体卸荷渗流试验结果分析

4.2.1　水对岩体强度的影响

　　岩体卸荷后，将会促使岩体中的裂隙进一步张开，水将会流进裂隙中，岩体中的矿物元素在水的作用下，将会发生物理-化学反应，而这种反应将会对岩体的强度产生一定的影响，使得岩体的强度下降，图4.3分别为天然风干和饱和试件的单轴抗压强度对比，从图中可以看出，饱和岩样单轴抗压强度下降了约60%，其原因不仅是因为岩体中存在的水使岩体强度降低，同时也是由于岩体中矿物与水发生的物理-化学反应。

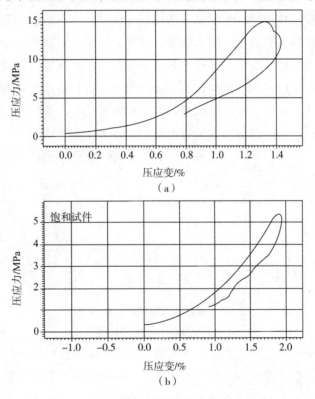

图4.3　自然风干与饱和试件的单轴抗压强度对比

（a）自然风干试件；（b）饱和试件

　　随着卸荷的进行，原先闭合的裂隙逐渐张开，在外界水头的作用下，将会促使水流进入裂隙中，如图4.4所示。水在岩体中的存在方式有两种，一种为吸着水，另一种为自由水，它们对岩体的影响主要有5种：①联结作用；②润滑作用；③水楔作用；④孔隙压作用；⑤溶蚀及潜蚀作用。其中前3种影响是由吸着水产生的，后2种影响是由自由水产生的。

图 4.4　水在岩体裂隙中的流动示意

吸着水将会在矿物表面形成一层水膜，这种水膜将会通过润滑作用来破坏矿物颗粒间的作用力，使岩体的强度下降。本次试验所用岩石试件中含有较多的亲水矿物，如蛭石和蒙脱石，这两种矿物遇水将会发生吸水膨胀、溶解，使得岩石颗粒间的联结作用减弱，导致岩石强度低。水对岩体中泥质胶结物的软化作用如图 4.5 所示，随着裂隙的张开，水流进岩体中，一部分变成吸着水，吸附在泥质胶结物上，将会根据岩石颗粒的极性在其表面进行定向排列，形成水化层，使得与水接触的表层发生软化，并逐渐向内部扩展，从而最终使得岩体强度降低；另一部分将成为自由水，其在岩体中流动。

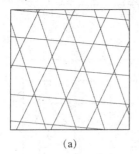
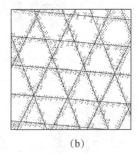

　　　　　　(a)　　　　　　　　　　　　　(b)

图 4.5　水对泥质胶结物的软化作用
(a) 干净节理；(b) 遇水侵蚀后节理

水分子是由 1 个氧原子和 2 个氢原子所组成，3 个原子核构成了以 2 个质子为底的等腰三角形，其电荷在空间形成一个包括两个正极，两个负极的四极结构，其电荷主要集中在四面体的顶部，由于水分子的正负极电荷中心距离较远，因此水成为强偶极子。由于水分子的极性很强，同时又存在两个正的氢离子，这就使水可以和许多的极性分子形成非常强的化合物。对于蛭石及蒙脱石这类强极性化合物，在和水接触后，水将会进入其层状结构中，破坏了层间的联结力。因此，当其受力变形时，就将会在层之间的水层中产生断裂，从而使得强度有较大的降低。

设岩体的初始应力为 σ_1、σ_3，假设卸荷量为 σ，孔隙水压力为 p，在卸荷和孔隙水压力的联合作用下，特别是孔隙水压力将抵消外界的应力作用，从而使岩体的抗剪强度降低，于是有

$$\sigma'_n = \frac{(\sigma_1 - \sigma - p) + (\sigma_3 - \sigma - p)}{2} + \frac{(\sigma_1 - \sigma - p) - (\sigma_3 - \sigma - p)}{2}\cos 2\alpha \quad (4.2)$$

$$= \frac{\sigma_1 - \sigma_3}{2} - \sigma - p + \frac{\sigma_1 - \sigma_3}{2}\cos 2\alpha$$

$$= \sigma_n - \sigma - p$$

$$S' = \frac{(\sigma_1 - \sigma - p) + (\sigma_3 - \sigma - p)}{2}\sin 2\alpha = \frac{\sigma_1 - \sigma_3}{2}\sin 2\alpha = S \quad (4.3)$$

随着岩体中孔隙水压力的上升，裂隙的法向应力变为 $\sigma'_n = \sigma_n - \sigma - P$，而剪应力 S 仍保持不变。则岩体内的抗剪强度变为

$$\tau_w = (\sigma_n - \sigma - p)\tan \varphi_w + C_w \quad (4.4)$$

式中：C_w 为岩块浸水时的黏聚力；φ_w 为岩块浸水时的摩擦角。

当岩体内部的孔隙水压力为 p 时，其抗剪强度下降了 $p\tan \varphi_w$。

在同样卸荷量作用下，饱和岩体抗剪强度低于干燥岩块的抗剪强度，于是有

$$\Delta \tau = \tau - \tau_w = C + (\sigma_n - \sigma)\tan \varphi - \left[C_w + (\sigma_n - \sigma - p)\tan \varphi_w \right]$$

$$= (C - C_w) + (\sigma_n - \sigma)(\tan \varphi - \tan \varphi_w) + p\tan \varphi_w \quad (4.5)$$

式中：$C - C_w$ 为吸着水软化作用；$\sigma_n - \sigma$ 为卸荷作用对抗剪强度的效应；$\tan \varphi - \tan \varphi_w$ 为吸着水软化作用使岩块的摩擦角正切值的降低量；$p\tan \varphi_w$ 为孔隙水压力作用导致的抗剪强度下降量。

4.2.2　卸荷渗流试验结果分析

随着岩石卸荷，岩石中的裂隙也将随之发生变化。根据 Darcy 定律（达西定律），水在岩体中的渗流主要是在岩石裂隙的小通道中流动，因此通过试验可以得到不同阶段的有效卸荷量（简称卸荷量）与渗流系数比值之间的关系。

当孔隙水压力保持不变时，即第一种情况，随着有效卸荷量的增加，其渗透系数比值也将发生较大的变化，图 4.6、4.7、4.8 分别是在孔隙水压力为 100、200、300 kPa 时，其渗透系数比值与有效卸荷量之间的关系曲线。

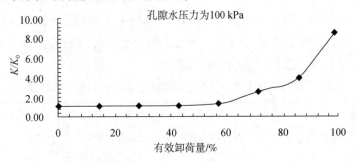

图 4.6　渗透系数比值与有效卸荷量之间的关系

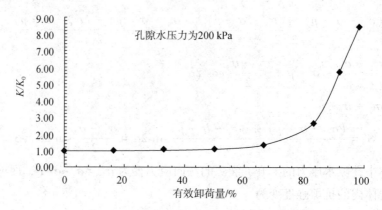

图 4.7　渗透系数比值与有效卸荷量之间的关系

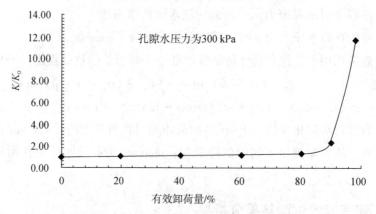

图 4.8　渗透系数比值与有效卸荷量之间的关系

从图中可以看出，随着有效卸荷量的增加，渗透系数在初期有着较小的增加，但是在有效卸荷量超过 80% 以后，渗透系数有较快的增加速度。

渗透系数随着卸荷量的增加而不断增加，在卸荷初期，渗透系数变化较不敏感，渗透系数变化较小；当有效卸荷量超过 80% 以后，渗透系数有较大变化，这说明岩体中诱发的微裂纹已逐渐扩展连通，形成渗流通道。以上渗透系数比值与有效卸荷量之间的关系曲线说明了渗透系数与有效卸荷量之间的关系，在孔隙水压力较低时（见图 4.6），可以看到，渗透系数与有效卸荷量之间成正比关系；同时结合图 4.7 和图 4.8，可以看到，随着孔隙水压力的增加，在卸荷量较大的情况下，渗透系数增加的梯度较大。表 4.1 为不同孔隙水压力下有效卸荷量与渗透系数比值的试验结果。

表 4.1　不同孔隙水压力下有效卸荷量与渗透系数比值的试验结果

孔隙水压力 100 kPa		孔隙水压力 200 kPa		孔隙水压力 300 kPa	
有效卸荷量 $\xi/\%$	渗透系数 比值 K/K_0	有效卸荷量 $\xi/\%$	渗透系数 比值 K/K_0	有效卸荷量 $\xi/\%$	渗透系数 比值 K/K_0
0	1.00	0	1.00	0.00	1.00
14.285 71	1.00	16.666 67	1.01	20.00	1.05

孔隙水压力 100 kPa		孔隙水压力 200 kPa		孔隙水压力 300 kPa	
有效卸荷量 $\xi/\%$	渗透系数 比值 K/K_0	有效卸荷量 $\xi/\%$	渗透系数 比值 K/K_0	有效卸荷量 $\xi/\%$	渗透系数 比值 K/K_0
28.571 43	1.08	33.333 33	1.07	40.00	1.10
42.857 14	1.16	50.000 00	1.13	60.00	1.16
57.142 86	1.32	66.666 67	1.35	80.00	1.37
71.428 57	2.48	83.333 33	2.72	90.00	2.41
85.714 29	3.90	91.666 67	5.82	98.00	11.71
98.571 43	8.60	98.333 33	8.54		

因此，对于渗透系数与卸荷量之间的关系可以表述如下：

（1）随着卸荷的发展，渗透系数的最高值与最低值之间相差较大，约 10 倍；

（2）渗透系数在卸荷量达到 80% 左右时，渗透系数曲线出现一个拐点，从该点开始，渗透系数对应力的变化更为敏感，较小的卸荷量变化，将引起渗透系数有较大的变化。

对于第二种情况，即卸荷量一定的情况下，本书探讨了孔隙水压力变化对于渗透系数的影响。图 4.9、4.10 分别为卸荷量保持一定的情况下的渗流曲线。

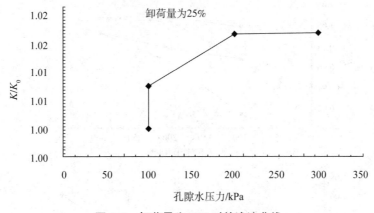

图 4.9　卸荷量为 25% 时的渗流曲线

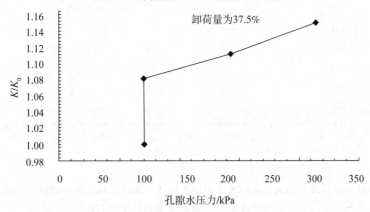

图 4.10　卸荷量为 37.5% 时的渗流曲线

对比图 4.9 和图 4.10 中可以看出,当卸荷量不同时,孔隙水压力的增加对于渗透系数的变化有一定的影响。

当卸荷量保持不变时,随着孔隙水压力的增加,岩石的渗透系数也相应增加。在较高卸荷量的情况下,随着孔隙水压力的增加,其渗透系数增加较快。表 4.2 为卸荷量一定时渗透系数随孔隙水压力变化的试验结果。

从表 4.2 可以看到,对于不同的卸荷量,孔隙水压力对于渗透系数的影响也不同。当卸荷量为 37.5% 时,其渗透系数的变化量比卸荷量为 25% 时增加将近 10 倍。这说明卸荷量的大小对于渗透系数的变化影响较大,卸荷量越大,其渗透系数增加得越快。

表 4.2　卸荷量一定时渗透系数随孔隙水压力变化的试验结果

卸荷	孔隙水压力/kPa	卸荷量 25%		卸荷量 37.5%	
		K/K_0	变化量/%	K/K_0	变化量/%
卸荷前	100	1.000 0	0.00	1.000 0	0.00
卸荷后	100	1.007 4	0.74	1.080 0	8.00
	200	1.016 6	1.66	1.110 0	11.00
	300	1.016 7	1.67	1.150 0	15.00

图 4.11 为不同卸荷量时,孔隙水压力加荷、卸荷循环过程中渗透系数的变化。从图

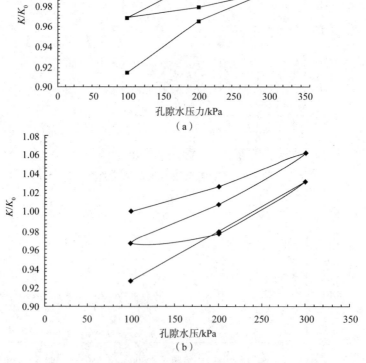

图 4.11　不同卸荷量时,孔隙水压力循环加荷、卸荷循环过程中渗透系数的变化

(a) 卸荷量为 25%;(b) 卸荷量为 39.5%

中可以看到，随着孔隙水压力的增加，岩石渗透系数开始增加，但是当孔隙水压力卸荷时，岩石的渗透系数并没有沿着原来的路径下降，形成了一个渗透系数组成的迟滞回路。孔隙水压力卸荷过程中的渗透系数比加荷时的渗透系数要低，这说明由于孔隙水压力的变化而导致的有效应力的变化对于岩石的渗透性形成了一定影响。对于岩石中的某点来说，孔隙水压力的加荷、卸荷循环过程中，导致岩石所受的有效应力循环变化，导致了裂隙的最终裂隙隙宽要小于原始隙宽，对岩石造成不能恢复的影响，从而导致孔隙水压力在卸荷后，岩石的渗透系数无法恢复到孔隙水压力没有变化前的状态。图 4.12 为孔隙水压力不变，卸荷渗流试验后的试件；图 4.13 为卸荷量不变，孔隙水压力循环加荷、卸荷试验后的试件。

图 4.12　孔隙水压力不变，卸荷渗流试验后的试件

图 4.13　卸荷量不变，孔隙水压力循环加荷、卸荷试验后的试件

从图 4.12 中可以看出，试件卸荷渗流后，在试件表面形成一个与上、下端面相交，成一个大角度的裂隙，这种大角度裂隙面的形成，对岩石卸荷中的渗流有较大的影响。而孔隙水压力的存在，将会与卸荷过程一起作用，加速了裂隙的发展。

4.3　本章小结

本章通过试验，从细、微观的角度对岩石卸荷过程进行了分析，并对岩体卸荷渗流耦合特点进行了研究，研究内容包括：

（1）随着岩体的卸荷，岩体的渗透系数与卸荷量成一双曲线关系，当卸荷量超过 80% 的时候，岩石的渗透系数将会大幅度地增加；

（2）随着孔隙水压力的加荷、卸荷循环变化，其渗透系数逐渐变小；

（3）对试验前后的试件裂隙的变化进行了细、微观的分析，得出了岩体卸荷后，岩体内部的裂纹会合并、发展、汇合，并最终形成大的裂隙，该裂隙与岩体的卸荷方向基本垂直，形成了一条主控的单裂隙，亦即岩体渗流的通道，这导致了岩体渗透系数的大幅度增加，是影响岩体渗流特性的重要原因之一。

第五章

UDEC 在隧道裂隙岩体
渗流稳定分析中的应用

离散单元法是 Cundall 于 1971 年提出的一种数值计算方法，它与有限元法、边界元法和有限差分法有明显的不同。

离散单元法是建立在非连续介质力学基础上的一种数值计算方法，而有限元法、边界元法及有限差分法都是建立在连续介质力学基础上的计算方法，这些方法都要求计算对象的变形是连续的。而在实际工程中，由于岩土体常年经受自然界的各种作用，往往具有一定的节理，因此，采用离散单元法来进行数值计算显得更加符合实际。

在采用离散单元法计算时，一般将所要研究的岩体假设为离散块体的集合体，而把断层、节理等视作离散块体间用于相互作用的接触面。块体之间的相互作用可以由力和位移的关系得出。对于单个块体而言，其运动则根据该块体所受的不平衡力和不平衡力矩的大小，由牛顿运动定律求得。

1）物理方程

在离散单元法中，采用此模型时，假定块体之间的法向力 F_n 正比于它们之间的法向"叠合"量 U_n，即

$$F_n = K_n U_n \tag{5.1}$$

式中：K_n 为法向刚度系数。

这里所谓法向"叠合"量是计算式引入的一个假定的量，将它乘以一个比例系数（即接触的法向刚度），作为在计算中法向力的量度。

由于块体所受的剪切力与块体运动和加荷的历史或路径有关，所以对于剪切力要用增量 ΔF_s 来表示。设两块体之间的相对位移为 ΔU_s，即

$$\Delta F_s = K_s \Delta U_s \tag{5.2}$$

式中：K_s 为接触的剪切刚度系数。

以上计算的力与位移关系以弹性变形为基础，对于塑性剪切破坏的情况，需要在每次迭代时检查力 F_s 是否超过 $c + F_n \cdot \tan \varphi$（$\varphi$ 为内摩擦角），这就是所谓的摩尔-库伦准则。

2）运动方程

作用在块体上的合力和合力矩共同决定了块体的运动。先计算出某一特定岩块上的一组力，然后根据这组力计算出它们的合力与合力矩，再根据牛顿第二定律来确定块体质心的加速度和角速度，进而再得出在时步 Δt 内的速度、角速度、位移及转动量。例如，在一维的情况下，假设质点上作用有随时间变化的力 $F(t)$，质点在该力的作用下发生运动。根据牛顿第二定律可得

$$\frac{\mathrm{d}u}{\mathrm{d}t} = \frac{F}{m} \tag{5.3}$$

式中：u 是速度；t 是时间；m 是质量。

5.1 UDEC 介绍

UDEC（通用离散单元法程序）是 ITASCA 公司开发的针对非连续介质的平面离散元程序，在数学求解方式上采用了与 FLAC 一致的有限差分法，在力学上则增加了对接触面非连续力学行为的模拟，因此，UDEC 被普遍用来研究非连续面（与地质结构面）占主导地位的工程问题。UDEC 的功能与特征如下。

（1）显式求解方式，对于物理非稳定问题，可以实现稳定求解。

（2）认为非连续介质材料是多边形块体的集合体，界面为不连续面，并且把这些不连续界面视作块体的边界。

（3）对于非连续介质材料中的离散界面在滑动和张拉位移上的问题进行模拟；在不连续面上的运动，块体在法向和切向方向均服从线性和非线性力-位移的关系。

（4）可以把块体视作刚体或变形体的组合体进行处理。

（5）该程序内置有多种变形体材料模型，如岩性模型、弹性模型、摩尔-库伦塑性模型、任意各向异性模型、双曲线屈服模型和应变软化模型；同时，内置有多重结构面模型，如库伦滑动模型、连续屈服模型，以及 Barton-Bandis 模型。

（6）包含热与热力学计算、节理面渗流流固耦合计算、无限域计算、真时间历程动力计算。

（7）模拟多种岩体加固措施，并实现与周围介质的完全耦合。

（8）根据边坡设计需要进行边坡的稳定系数计算；内置有隧道生成器及各种节理生成器。

5.2　裂隙岩体渗流的计算模式

UDEC 能够分析流体在不渗水块体裂隙中的流动。在流体流动分析中，裂隙贯通率取决于裂隙的力学变形，裂隙孔隙水压力反过来又影响裂隙的力学变形，因此这是一种固液全耦合分析（Full Coupled Mechanical-hydraulic Analysis）。图 5.1 为不连续介质中的流固相互作用，其中列出了 UDEC 可以模拟出的固/力学效应。

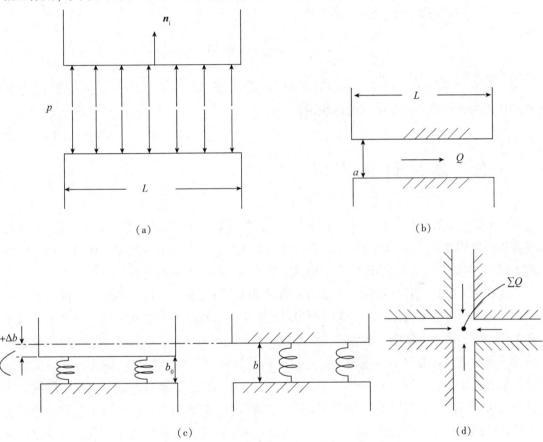

（a）　　　　　　　　　　　　　　　　（b）

（c）　　　　　　　　　　　　　　　　（d）

图 5.1　不连续介质中的流固相互作用

（a）孔隙水压力示意；（b）流体压力示意；（c）裂隙力学作用模型示意；（d）孔隙水压力生成示意

（1）通过裂隙的流体作用在长度为 L 的岩体上的力为

$$\boldsymbol{F}_i = p\,\boldsymbol{n}_i L \tag{5.4}$$

式中：$\boldsymbol{F}_i$ 为流体作用在周围岩体上的力；p 为孔隙水压力；$\boldsymbol{n}_i$ 为垂直裂隙面的单位方向向量。

（2）流体压力为

$$q = -K_j a^3 \frac{\Delta P}{L} \tag{5.5}$$

式中：K_j 为裂隙的渗透系数；L 为两流体域之间的接触长度；a 是接触的水力隙宽，ΔP 表示两流体域之间的压强差。

式（5.5）表明，流动可以发生在两边区域水压为零的接触处。在这种情况下，重力使得液体在非完全饱和的区域中流动。然而，需要注意：随着饱和度的减小，渗透半径也将减小，尤其是当饱和度为零时渗透性也应为零；液体不能从饱和度为零的区域提取出来。

（3）在法向应力作用下裂隙隙宽为

$$b = b_0 + \Delta b \tag{5.6}$$

式中：b_0 为没有法向应力时的裂隙的初始隙宽；Δb 为法向应力作用下的裂隙隙宽改变量。

（4）流体在裂隙中流动产生的孔隙水压力为

$$C_P = \frac{K_w}{V}\left(\Delta t \sum Q_i - \Delta V\right) \tag{5.7}$$

式中：$\sum Q_i$ 为流向节点的总流量；ΔV 为域内孔隙体积的变化量；V 为现在时步和前一时步孔隙体积的平均值；K_w 是流体的体积模量。

5.3　渗流计算法则

UDEC 在裂隙中的流动是用域来分析的，如图 5.2 所示，域的标号为①～⑤，假设各种等压的流体充满了域，域与域之间通过接触发生作用，其中 $A \sim F$ 即为接触点，其中节理为域①、③、④，两个节理的交点用域②来表示，域⑤为空洞。

在利用 UDEC 进行计算时，可以用网格对块体进行划分，采用三角形单元网络来对块体内的应力与位移进行计算。对于可变形块体来说，节点既可以存在于顶点上，也可以存在于块体的边缘上。如图 5.2 所示，点 D 就是处在边缘上的点，它将节理划分成了域③和域④，同时流体在裂隙中的流动就是通过这两个域来计算的。若对网格进行进一步的划分，那么在块体的边缘上将会产生更多的节点，从而节理也将被分割成更多细小的域。从这里也可以看出，利用域来分析流体在裂隙中的流动，其数值精度很大程度上取决于可变形块体的网络尺寸。在实际分析研究中，可以根据实际需求，然后确定相应的精度值，再进而确定网络尺寸。

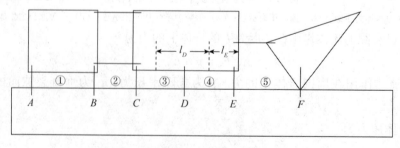

图 5.2　通过域模拟流体在裂隙中的流动

当不考虑重力时，假定流体压力在流动域中的分布是呈均匀分布的，当不考虑重力时，流体压力则按照线性分布的静水压力来计算。地下水的流动是由相邻域之间的压力差来决定的，而流动域中流体压力的大小则是由流动域汇总的中心压力差的大小来决定的。根据块体的接触条件不同，裂隙岩体中流体的流速计算方法有两种。

1）点接触

点接触（即角-边缘接触，如在图5.2中的接触点 F，或角-角接触），液体由压力为 p_1 的区域流到压力为 p_2 的区域的流动速度表示为

$$q = -K_c\Delta p \tag{5.8}$$

式中：K_c 为点接触渗透系数；$\Delta p = p_2 - p_1 + \rho_w g(y_2 - y_1)$；$\rho_w$ 为流体密度；y_2、y_1 为域的中心的 Y 坐标。

2）边-边接触

在边-边接触的情况下，可以定义接触长度，如图5.2中的 l_D 和 l_E 分别表示触点 D 和 E 的长度，长度定义为距离的一半，到最近的左侧接触，再加上距离最近的右侧接触距离的一半。在这一个平面可以使用断裂流动的立方定律（威瑟斯庞等，1980）。然后，流速由式（5.5）得出。

式（5.5）可用于点接触，只要给这些触点分配最小长度。式（5.5）表示即使在两个域压力为零时，也可以在接触处发生流动。在这种情况下，重力可能导致流体从未完全饱和的区域迁移。然而，有两个因素需要考虑：

（1）表面渗透率应随着饱和度的降低而减小，对于零饱和度，渗透率应为 0；

（2）流动性不能从零饱和度域中引出流体。

为了解决因素（1），流量（表观渗透率）可以由式（5.5）乘以一个因子 f_s 来计算，一个关于饱和度 S 的函数为

$$f_s = S^2(3 - 2S) \tag{5.9}$$

式（5.9）是经验公式，它的性质是如果 $S = 0$，则 $f_s = 0$；如果 $S = 1$，则 $f_s = 1$（即渗透率为完全饱和不变，饱和度为0）。此外，式（5.10）的导数在 $S = 0$ 和 $S = 1$ 时为0，这在物理上是合理的。在式（5.10）中，S 值被认为是流入发生时的饱和度；因此，流入不能在完全不饱和的域发生。水力隙宽公式一般为

$$a = a_0 + u_n \tag{5.10}$$

式中：a_0 是法向应力为 0 处的裂隙隙宽；u_n 是节理的法向开度（张开为正）。

水力隙宽最小值 a_{min}，假设为孔隙低于机械闭合不影响接触的渗透率；水力隙宽最大值 a_{max} 假设为效率在显式计算中的变化。图5.3描述了 UDEC 中水力开度 a 与法向应力 σ_n 之间的关系。

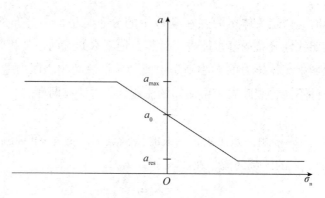

图 5.3 UDEC 中水力隙宽 a 与法向应力 σ 之间的关系

在 UDEC 中，每个时步的力学计算决定了系统的几何更新，几何更新使接触产生了新的隙宽，使区域产生了新的体积。通过上述公式可以计算出接触点上的流量。然后，考虑到流入该区域的净流量，并且由于围岩可能进一步发生运动，导致压力重分布。这个区域的压力就变为

$$p = p_0 + K_w Q \frac{\Delta t}{V} - K_w \frac{\Delta V}{V_m} \tag{5.11}$$

式中：P_0 为前一个时步的孔隙水压力；Q 为从围岩接触到的域的流量之和；K_w 是流体的体积模量；$\Delta V = V - V_0$，$V_m = (V + V_0)/2$，其中 V 和 V_0 分别为新的域体积和旧的域体积。

如果按式（5.12）计算的新区域的压力为负，则压力设置为 0，流出量降低了饱和度 S，为

$$S = S_0 + Q \frac{\Delta t}{V} - \frac{\Delta V}{V_m} \tag{5.12}$$

式中：S 为在前面的时间域饱和度。只要 $S<1$，则令压力值为 0；应用式（5.12）这种处理方法确保了流体质量守恒，冗余的域体积或用于改变压力或用于改变饱和度。

根据上面的阐述可以看出，裂隙岩体渗流场与应力场的离散元求解过程及步骤如下：

（1）首先，把上一时步的结果作为初始条件，再利用相应的边界条件，这样就得到了本时步域与域之间的压力差；

（2）然后，根据相邻域之间的压力差计算出系统内部各个接触点的渗流量，当孔隙水压力为负值的情况时，渗透系数按照非饱和渗透系数公式进行折减，除此之外的其他情形均按照饱和渗透系数进行计算；

（3）再按照裂隙网络中的地下水的流动效应和裂隙网络自身变形来更新孔隙水压力；

（4）然后，再把求得的孔隙水压力和其他作用力（如接触力、弹性力及荷载力等）加起来，再对其进行离散元的迭代计算，最后得到新的位移和应力的分布情况。

根据新得到的块体之间的相对位移从而得到新的裂隙水力隙宽、域体积，及渗透系数等水力特征。然后重复进行上述的（1）~（4）步骤，一直到迭代收敛为止，得到裂隙岩体稳定的应力场和渗流场。此模型的一大优点就是可以使裂隙岩体中的渗流效应可以直接

参与到离散元的显式平衡迭代之中来，而不必去求解大量的渗流方程组；同时，还可以考虑岩体在大变形情况下的渗透计算问题。

对于显式算法，为了保证其数值的稳定性，对流体时步有如下限制，即

$$\Delta t_{\mathrm{f}} = \min\left(\frac{V}{K_{\mathrm{w}}\sum K_i}\right) \tag{5.13}$$

式中：V 为域体积；$\sum K_i$ 为域周围所有接触的渗透系数的总和。

然后，再计算得出域的流体时步 Δt 所要求的值，取其最小值来作为最终的计算时步。

在进行流体的瞬态分析时，对于时步的要求则显得更加严格，这样一来往往会使计算耗时比较长，特别是对于裂隙隙宽远大于域的范围时的情形。除此之外，流体充满节理也会增加节理的表观节理刚度 $\frac{K_{\mathrm{w}}}{a}$，因而可能会通过减小计算时步以保证其数值的稳定性。

5.4　结构面对渗流场的影响研究

5.4.1　数值模型及参数

1. 数值模型

使用 UDEC 程序建立 80 m×80 m 的岩体数值模型，如图 5.4 所示（图为节理倾角 30°、节理间距 2 m 的数值模型）。在其上部为自由边界，左边界、右边界及下边界为法向位移约束边界，其隧道断面宽约 15 m，拱高约 10 m，隧洞埋深约 30 m。

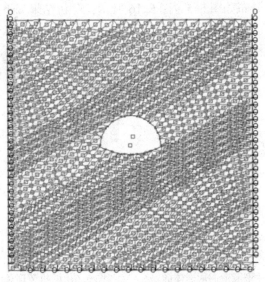

图 5.4　节理倾角 30°、节理间距 2 m 的数值模型

2. 计算参数

参考现行《公路隧道设计规范》和相关文献，岩块和节理物理参数、水力学参数的取值分别如表 5.1 ~ 表 5.3 所示；本构关系的选择包括：对域岩体采用摩尔-库伦弹塑性模型，对节理采用面-面接触的库伦滑动模型，其中模型从地层表面至底部按照线性变换施加竖向和水平向初始地应力。

表 5.1　岩块物理参数

密度 $\rho/(kg \cdot m^{-3})$	体积模量/GPa	剪切模量/GPa	黏聚力 c/MPa	摩擦角 $\varphi/(°)$
2 400	5	2	0.5	35

表 5.2　节理物理参数

法向刚度/$(GPa \cdot m^{-1})$	剪切刚度/$(GPa \cdot m^{-1})$	黏聚力 c/ MPa	摩擦角 $\varphi/(°)$
10	5	0.05	20

表 5.3　水力学参数

密度 $\gamma/(kg \cdot m^{-3})$	体积模型/GPa	初始开度 a/m	残余开度 r/m	渗透系数 $K/(Pa \cdot s^{-1})$
1 000	5	0.002 8	0.000 5	35

假定模型在重力作用下达到初始平衡状态，上下水头分别位于拱顶和拱脚，在保持其他因素相同的条件下，对裂隙岩体隧道渗流应力耦合的影响因素进行对比分析。

3. 常规节理与随机节理条件下隧道流固耦合对比分析

下面对常规节理和随机节理条件下隧道洞周的岩体进行渗流稳定性的对比分析。在保持其他条件不变的情况下，常规节理参数为节理倾角 30°，节理间距 2 m，常规节理和随机节理条件下隧道洞周岩体的流量（渗流流量）分布、孔隙水压力分布、渗流矢量分布、流速场分布以及主应力分布如图 5.5 ~ 图 5.16 所示，分析结果如下。

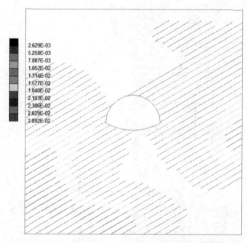

图 5.5　常规节理条件下隧道洞周岩体的流量分布

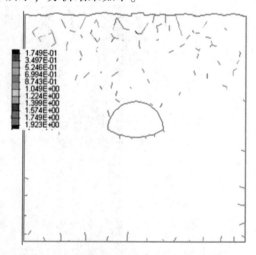

图 5.6　随机节理条件下隧道洞周岩体的流量分布

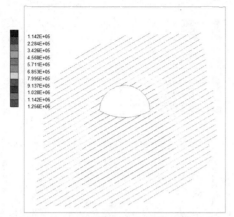

图 5.7　常规节理条件下隧道洞周岩体的
孔隙水压力分布（a）

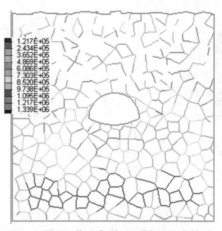

图 5.8　随机节理条件下隧道洞周岩体的
孔隙水压力分布（a）

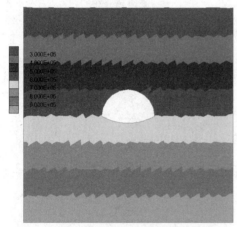

图 5.9　常规节理条件下隧道洞周岩体的
孔隙水压力分布（b）

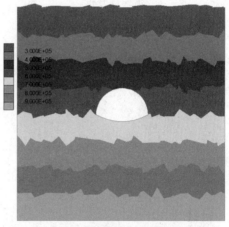

图 5.10　随机节理条件下隧道洞周岩体的
孔隙水压力分布（b）

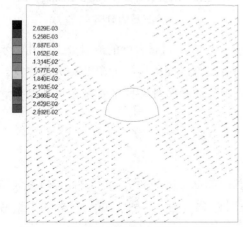

图 5.11　常规节理条件下隧道洞周岩体的
渗流矢量分布

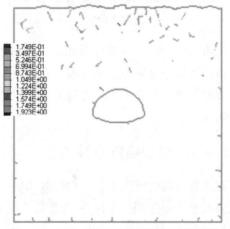

图 5.12　随机节理条件下隧道洞周岩体的
渗流矢量分布

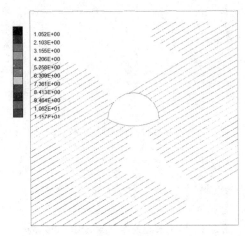

图 5.13　常规节理条件下隧道洞周岩体的
流速场分布

图 5.14　随机节理条件下隧道洞周岩体的
流速场分布

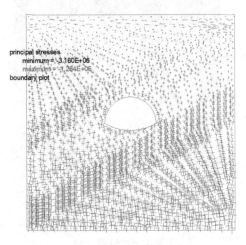

图 5.15　常规节理条件下隧道洞周岩体的
主应力分布

图 5.16　随机节理条件下隧道洞周岩体的
主应力分布

从图 5.5 ~ 图 5.16 可以看出，常规节理条件下，隧道洞周岩体的流量分布、孔隙水压力分布、渗流矢量分布、流速场分布以及主应力分布都呈现出规律的沿节理方向变化，而随机节理条件下则表现为复杂的无规律变化，在保持其他条件相同的情况下，各个值之间存在明显的差异。

5.4.2　节理倾角的影响

在含有节理的隧道中，节理的倾角决定了其内部水流运动的方向，同时对隧道的稳定性也起着重大的作用。本次模拟选取了倾角分别为 15°、30°、45°、60°、75° 共 5 组节理进行对比分析。其分析结果如表 5.4 所示。

用隧道断面上的最大流速乘以断面面积即可得到隧道整个断面的渗流流量。

由表 5.4 及图 5.17、图 5.18 可以看出，自上而下，岩体中流量由小逐步增大。当节理倾角到达一定程度以后，隧道洞周的水流量较大且集中；当节理倾角为 15°时，其最大流速为 $5.150×10^{-2}$ m/s。随着节理倾角的增大，最大速流先是减小，而后随着节理倾角的增大而增大。当节理倾角为 75°时，最大流速达到 $7.000×10^{-2}$ m/s；当节理倾角为 30°时，隧道断面渗流流量最小为 1.49 m³/s。此时，随着节理倾角的增大，其隧道断面的最大流量也随之增大。当节理倾角为 75°时，最大渗流流量可达到 3.45 m³/s。

表 5.4　不同节理倾角时的隧道断面渗流流量

节理倾角/(°)	15	30	45	60	75
渗流流量/(m³·s⁻¹)	1.53	1.49	1.85	2.38	3.45

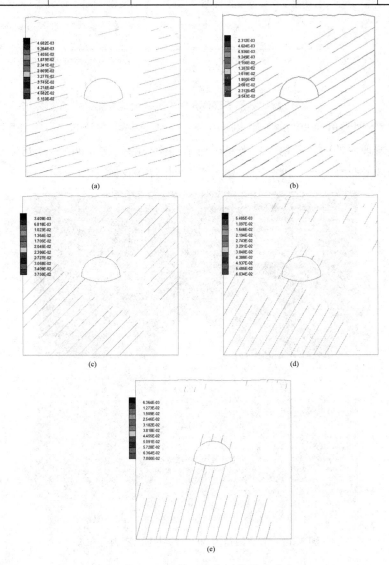

图 5.17　不同节理倾角时的流速分布

（a）节理倾角为 15°时的流速分布；（b）节理倾角为 30°时的流速分布；（c）节理倾角为 45°时的流速分布；
（d）节理倾角为 60°时的流速分布；（e）节理倾角为 75°时的流速分布

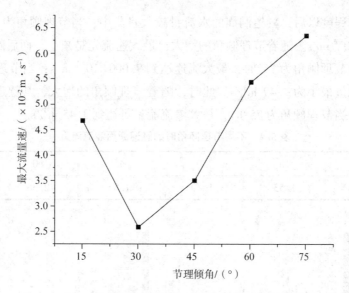

图 5.18　不同节理倾角时的最大流速变化

　　图 5.19 为节理倾角为 30°的孔隙水压力分布，从图中可以看出，自上而下，岩土体中孔隙水压力随着埋深的增大而增大；但是随着节理倾角的变化（如 15°、45°、60°、75°），其孔隙水压力的变化并不大，即孔隙水压力受节理倾角的影响较小。

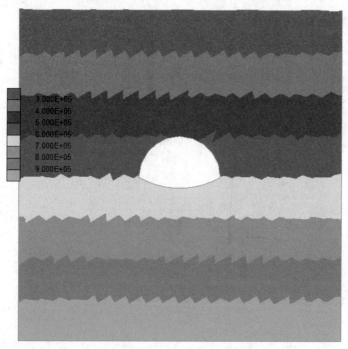

图 5.19　节理倾角为 30°时的孔隙水压力分布

5.4.3　节理间距的影响

　　节理间距是指在同一组节理中，相邻节理之间的垂直距离，反映了岩体的完整程度及工程性质。本次模拟分别选取了 1 m、2 m、4 m、8 m 共 4 组节理节距，分析渗流作用对隧道稳定的影响情况。表 5.5 为不同节理间距时的隧道断面渗流流量。

表 5.5　不同节理间距时的隧道断面渗流流量

节理间距/m	1	2	4	8
渗流流量/(m³·s⁻¹)	3.83	1.43	1.41	1.32

图 5.20 和图 5.21 分别为不同节理间距时的流速分布和最大流速变化。从图 5.20、图 5.21 及表 5.5 可以看出，在岩体中，随着埋深的增加，流速由小逐渐增大，并且随着节理间距的增大，流速呈现减小的趋势。这也说明，节理间距越小，岩体破碎程度越高，渗流流量也就越大；节理间距越大，岩体完整性越高，渗流流量变小。从图 5.21 可以看出，节理间距为 1 m 时，最大渗流流量最大；当节理间距增大时，最大渗流流量虽然存在轻微波动，但总体呈现减小的趋势。

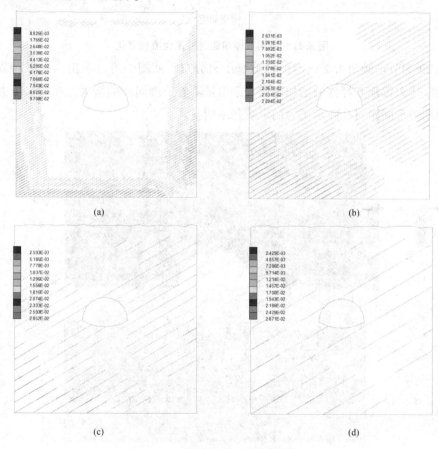

图 5.20　不同节理间距时的流速分布

（a）节理间距为 1 m 时的流速分布；（b）节理间距为 2 m 时的流速分布；
（c）节理间距为 4 m 时的流速分布；（d）节理间距为 8 m 时的流速分布

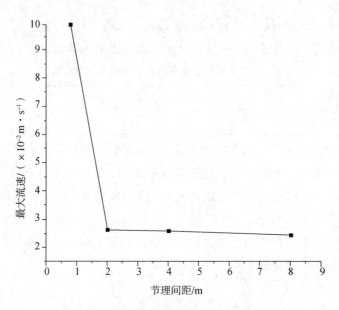

图 5.21　不同节理间距时的最大流速变化

　　图 5.22 为节理倾角为 2 m 时的孔隙水压力分布，从图中可以看出，在不同节理间距时，孔隙水压力都随着埋深的增加而增大，但是随着节理间距的增大，孔隙水压力的变化较小，说明节理间距对孔隙水压力的影响并不明显。

图 5.22　节理间距为 2 m 时的孔隙水压力分布

　　图 5.23 为不同节理间距时的渗流矢量分布，从图中可以看出，在不同的节理间距时，随着岩体埋深的增加，渗流矢量逐步增大。节理间距为 1 m 时，渗流矢量最大，并且渗流矢量随着节理间距的增大而减小。

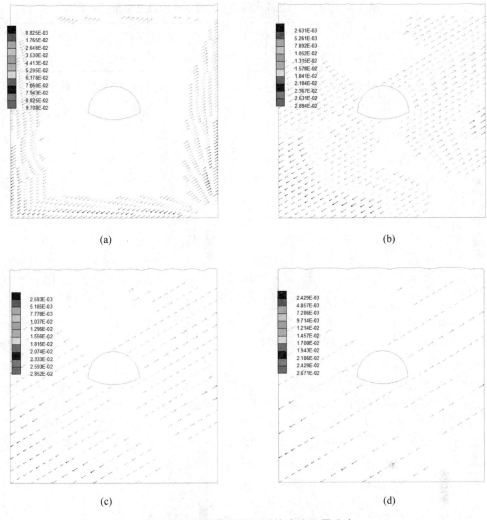

图 5.23　不同节理间距时的渗流矢量分布

（a）节理间距为 1 m 时的渗流矢量；（b）节理间距为 2 m 时的渗流矢量；
（c）节理间距为 4 m 时的渗流矢量；（d）节理间距为 8 m 时的渗流矢量

5.4.4　初始孔隙水压力的影响

岩土体或者土壤中地下水的压力称之为孔隙水压力，这种力是在微粒或者孔隙之间进行作用的。

本次数值模拟首先选取一个初始孔隙水压力基础值为 1×10^6 Pa，然后分别取该基础值的 0.8 倍、1 倍、1.2 倍、1.4 倍四种情况进行对比分析。表 5.6 为不同初始孔隙水压力时的隧道断面渗流流量。

表5.6 不同初始孔隙水压力时的隧道断面渗流流量

初始孔隙水压力/10⁶ Pa	0.8	1	1.2	1.4
渗流流量/(m³·s⁻¹)	1.15	1.41	1.91	2.15

图5.24和图5.25分别为不同初始孔隙水压力时的流速分布和最大流速变化，从图中可以看出，隧道周边围岩中流速最大，且随着埋深的增加，流速增大；同时，最大流速随初始孔隙水压力的增大大致呈线性增长。

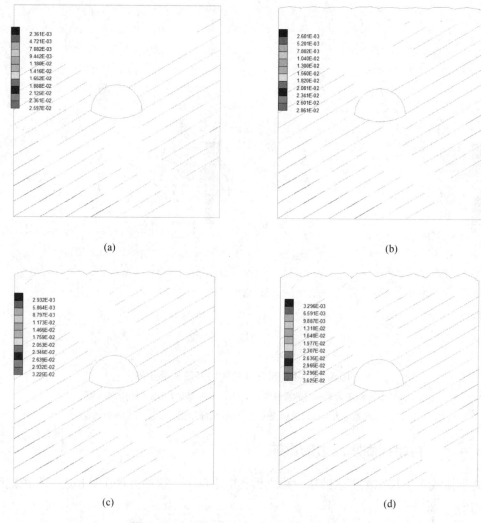

图5.24 不同初始孔隙水压力时的流速分布

（a）孔隙水压力为0.8×10⁶ Pa时的流速分布；（b）孔隙水压力为1×10⁶ Pa时的流速分布；

（c）孔隙水压力为1.2×10⁶ Pa时的流速分布；（d）孔隙水压力为1.4×10⁶ Pa时的流速分布

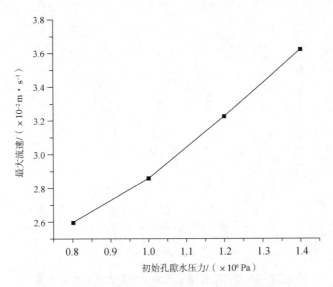

图 5.25 不同初始孔隙水压力时的最大流速变化

图 5.26 和图 5.27 分别为初始孔隙压力为 1.2×10^6 Pa 时的孔隙水压力分布和不同初始孔隙水压力时的最大孔隙水压力变化，从图中可以看出，围岩的孔隙水压力随着埋深的增加而增加，最大孔隙水压力随初始孔隙水压力的增大而呈线性增加。

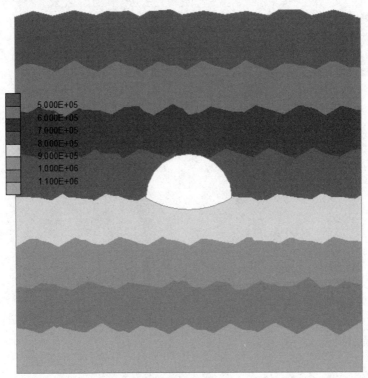

图 5.26 初始孔隙水压力为 1.2×10^6 Pa 时的孔隙水压力分布

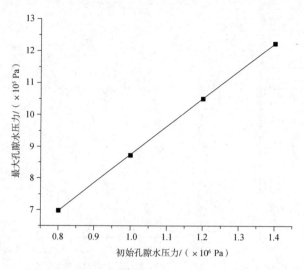

图 5.27 不同初始孔隙水压力时的最大孔隙水压力变化

图 5.28 为不同初始孔隙水压力时的渗流矢量分布，从图中可以看出，随着岩体埋深的增加，地下水的渗流矢量逐渐增大；同时，随着初始孔隙水压力的增大，最大渗流矢量近似线性增加。

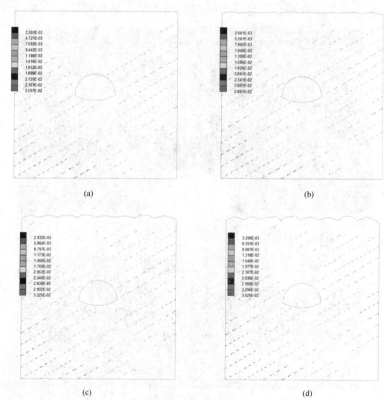

图 5.28 不同初始孔隙水压力时的渗流矢量分布

（a）初始孔隙水压力为 0.8×10^6 Pa 时的渗流矢量；（b）初始孔隙水压力为 1×10^6 Pa 时的渗流矢量；

（c）初始孔隙水压力为 1.2×10^6 Pa 时的渗流矢量；（d）初始孔隙水压力为 1.4×10^6 Pa 时的渗流矢量

5.4.5 法向刚度的影响

刚度是指材料或者结构在受到力的作用时对于弹性变形的抵抗能力，同时它也是材料或结构变形难易程度的量度。

本次模拟假定裂隙岩体结构面的法向刚度基础值为 1×10^{11} Pa/m，保持切向刚度和其他因素不变，然后分别选取该法向刚度基础值的 0.5 倍、1 倍、1.5 倍、2 倍进行分析。

图 5.29 和图 5.30 分别为不同法向刚度时的流速分布和最大流速变化。从图中可以看出，在保持其他因素和法向刚度值不变的情况下，随着埋深的增加，岩体内部流速逐渐增大；随着法向刚度的增大，最大流速逐步减小，可见渗流流量受法向刚度影响较为明显。

表 5.7 不同法向刚度时的隧道断面渗流流量

法向刚度/($\times 10^{11}$ Pa·m^{-1})	0.5	1	1.5	2
渗流流量/(m^3·s^{-1})	1.71	1.42	1.21	1.05

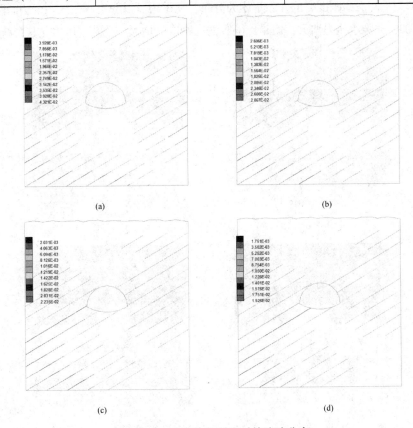

(a) (b)

(c) (d)

图 5.29 不同法向刚度时的流速分布

（a）法向刚度为 0.5×10^{11} Pa/m 时的流速分布；（b）法向刚度为 1×10^{11} Pa/m 时的流速分布；
（c）法向刚度为 1.5×10^{11} Pa/m 时的流速分布；（d）法向刚度为 2×10^{11} Pa/m 时的流速分布

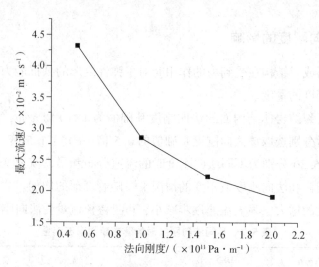

图 5.30　不同法向刚度时的最大流速变化

　　图 5.31 为不同法向刚度时的孔隙水压力分布，从图中可以看出，在某一个法向刚度时，随着埋深的增加，孔隙水压力增大；但是，随着法向刚度的增大，孔隙水压力受其影响减小。

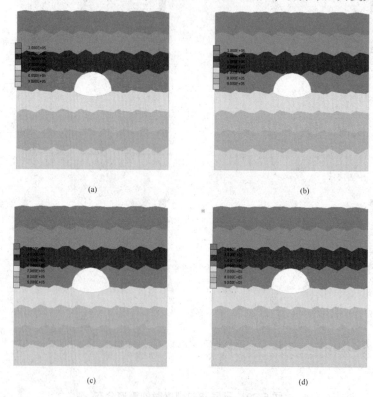

图 5.31　不同法向刚度时的孔隙水压力分布

（a）法向刚度为 0.5×10^{11} Pa/m 时的孔隙水压力；（b）法向刚度为 1×10^{11} Pa/m 时的孔隙水压力；

（c）法向刚度为 1.5×10^{11} Pa/m 时的孔隙水压力；（d）法向刚度为 2×10^{11} Pa/m 时的孔隙水压力

　　图 5.32 为不同法向刚度时的渗流矢量分布，从图中可以看出，在保持其他条件不变的情况下，随着法向刚度的增加，最大渗流矢量逐步减小。

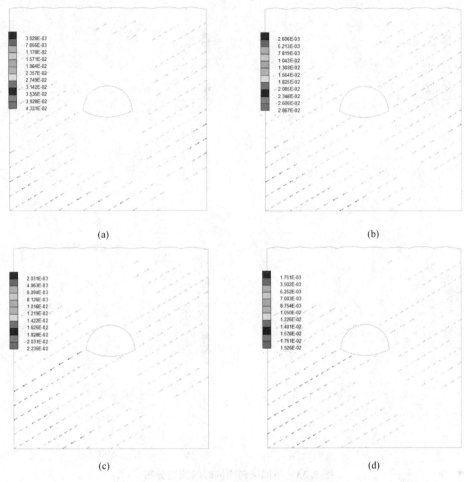

图 5.32　不同法向刚度时的渗流矢量分布

（a）法向刚度为 0.5×10¹¹ Pa/m 时的渗流矢量；（b）法向刚度为 1×10¹¹ Pa/m 时的渗流矢量；

（c）法向刚度为 1.5×10¹¹ Pa/m 时的渗流矢量；（d）法向刚度为 2×10¹¹ Pa/m 时的渗流矢量

5.4.6　切向刚度的影响

本次模拟假定裂隙岩体结构面切向刚度基础值为 $5×10^{10}$ Pa/m，保持法向刚度和其他因素不变，然后分别选取该切向刚度基础值的 0.5 倍、1 倍、1.5 倍、2 倍进行分析。表 5.8 为不同切向刚度时的隧道断面渗流流量。

表 5.8　不同切向刚度时的隧道断面渗流流量

切向刚度/($5×10^{10}$ Pa·m⁻¹)	0.5	1	1.5	2
渗流流量/(m³·s⁻¹)	1.412 2	1.414 3	1.415 4	1.415 4

图 5.33 和图 5.34 分别为不同切向刚度时的流速分布图和最大流速变化，从图中可以看出，随着切向刚度的变化，最大流速虽有一定的变化，但差异非常小，由此可知岩体流速分布及最大流速受切向刚度的影响很小。

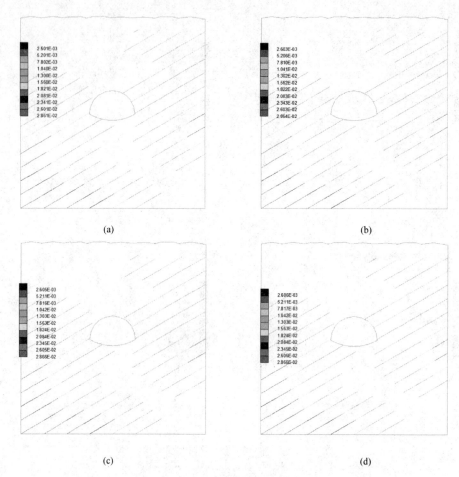

图 5.33 不同切向刚度时的流速分布

（a）切向刚度为 $2.5×10^{10}$ Pa/m 时的流速分布；（b）切向刚度为 $5×10^{10}$ Pa/m 时的流速分布；
（c）切向刚度为 $7.5×10^{10}$ Pa/m 时的流速分布；（d）切向刚度为 $1×10^{11}$ Pa/m 时的流速分布

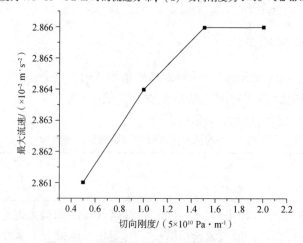

图 5.34 不同切向刚度时的最大流速变化

图 5.35 为不同切向刚度时的孔隙水压力分布，从图中可以看出，孔隙水压力受切向刚度的影响非常小。

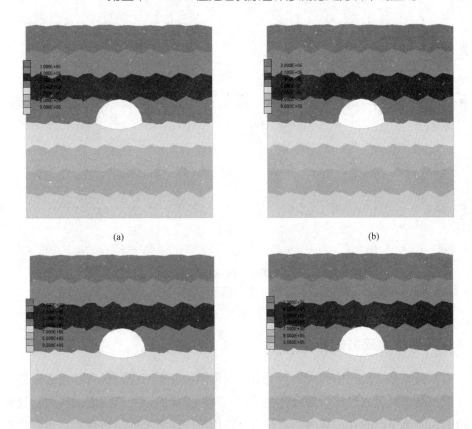

(a)　　　　　　　　　　　　　　　　(b)

(c)　　　　　　　　　　　　　　　　(d)

图5.35　不同切向刚度时的孔隙水压力分布

（a）切向刚度为2.5×10^{10} Pa/m时的孔隙水压力；（b）切向刚度为5×10^{10} Pa/m时的孔隙水压力；
（c）切向刚度为7.5×10^{10} Pa/m时的孔隙水压力；（d）切向刚度为1×10^{11} Pa/m倍时的孔隙水压力

图5.36为不同切向刚度时的渗流矢量分布，从图中可以看出，渗流矢量受切向刚度的影响也非常小。

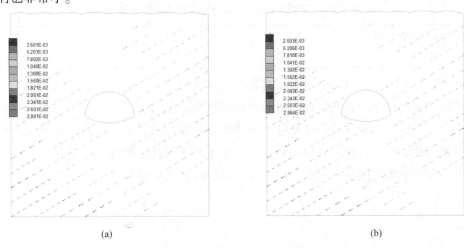

(a)　　　　　　　　　　　　　　　　(b)

图5.36　不同切向刚度时的渗流矢量分布

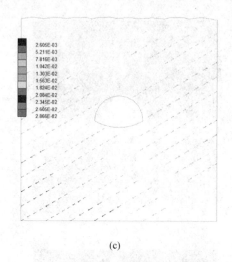
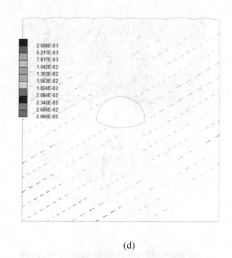

(c)   (d)

图5.36 不同切向刚度时的渗流矢量分布（续）

（a）切向刚度为 $2.5×10^{10}$ Pa/m 时的渗流矢量；（b）切向刚度为 $5×10^{10}$ Pa/m 时的渗流矢量；

（c）切向刚度为 $7.5×10^{10}$ Pa/m 时的渗流矢量；（d）切向刚度为 $1×10^{11}$ Pa/m 时的渗流矢量

5.4.7 初始地应力的影响

地应力是指赋存于地壳中的应力，也就是岩体因为变形所引起的岩体内部介质上的作用力。一般情况来说，它包括两部分：一是由上覆岩土体的重力所引起的应力，这部分应力是由地心引力所引起的；二是由邻近的岩体作用所传递而来的构造应力，也包括以前构造运动残留下来的残余应力。隧道开挖后，隧道壁成了自由表面，容易产生变形，若此时构造应力比较强烈，就很容易造成围岩坍塌和增大围岩松动圈半径，故研究地应力对围岩渗透特性的影响具有重要意义。

本次模拟只考虑上覆岩土体的自重应力引起的初始地应力，假设自重应力为 $7.2×10^5$ MPa，侧压力系数分别为 0.8、1、1.4、2，然后对各种情况加以分析。表5.9 为不同初始地应力时的隧道断面渗流流量。

表5.9 不同初始地应力时的隧道断面渗流流量

初始地应力/($7.2×10^5$ MPa)	0.8	1	1.4	2
渗流流量/($\mathrm{m^3 \cdot s^{-1}}$)	1.18	1.41	1.56	1.14

图5.37 和图5.38 分别为不同初始地应力时的流速分布和最大流速变化，从图中可以看出，岩体中流速分布随着初始地应力的增大而增大，并且侧压力系数从 0.8 变化到 1.4 的过程中，其最大流速是递增的；但是，当侧压力系数大于 1.4 时，随着侧压力系数的增加，最大流速开始减小，这说明地应力对岩体渗流速度有明显影响。但地应力超过一定值后，岩体裂隙或节理宽度发生闭合，导致地下水的渗流速度减小。

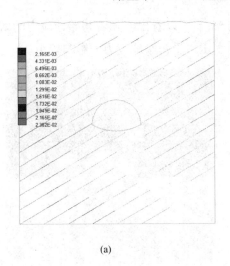

(a)

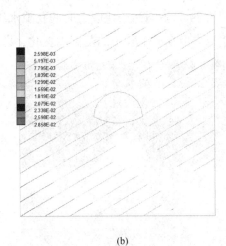

(b)

(c)

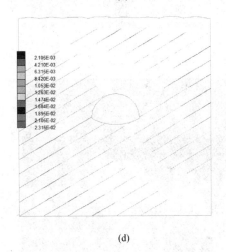

(d)

图 5.37　不同初始地应力时的流速分布

（a）初始地应力为 5.76×10^5 MPa 时的流速分布；（b）初始地应力为 7.2×10^5 MPa 时的流速分布；

（c）初始地应力为 1.008×10^6 MPa 时的流速分布；（d）初始地应力为 1.44×10^6 MPa 时的流速分布

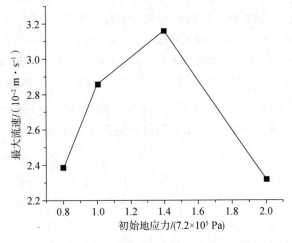

图 5.38　不同初始地应力时的最大流速变化

图 5.39 为不同初始地应力时的孔隙水压力分布，可以看出，随着初始地应力的增大，孔隙水压力值在一个较小的范围内变化，即孔隙水压力受初始地应力的影响较小。

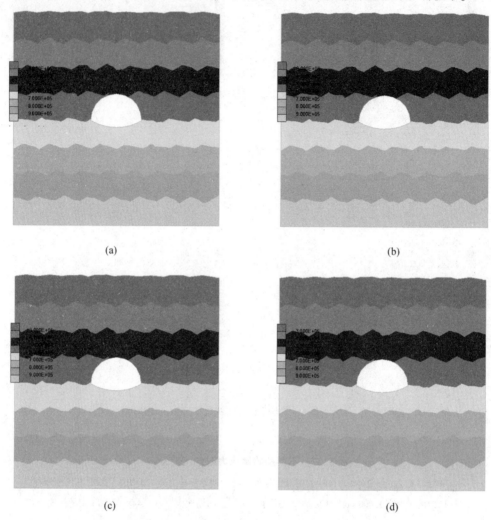

图 5.39　不同初始地应力时的孔隙水压力分布

（a）初始地应力为 5.76×10^5 MPa 时的孔隙水压力；（b）初始地应力为 7.2×10^5 MPa 时的孔隙水压力；
（c）初始地应力为 1.008×10^6 MPa 时的孔隙水压力；（d）初始地应力为 1.44×10^6 MPa 时的孔隙水压力

图 5.40 为不同初始地应力时的渗流矢量分布，从图中可以看出，初始地应力的侧压力系数在一定范围内（0.8～1.4）增大时，渗流矢量随埋深的增加而增大，且随着侧压力系数的增大而增大；但是，当侧压力系数超过一定值时，最大渗流矢量值反而减小。

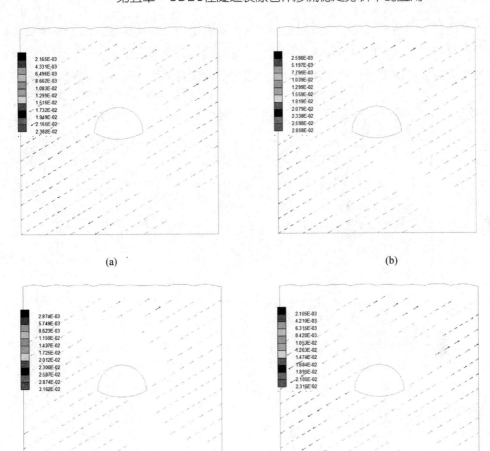

(a) (b)

(c) (d)

图 5.40 不同初始地应力时的渗流矢量分布

（a）初始地应力为 5.76×10^5 MPa 时的渗流矢量；（b）初始地应力为 7.2×10^5 MPa 时的渗流矢量；（c）初始地应力为 1.008×10^6 MPa 时的渗流矢量；（d）初始地应力为 1.44×10^6 MPa 时的渗流矢量

5.5 本章小结

本章介绍了基于离散单元法的裂隙岩体渗流基本理论和研究成果。研究表明，采用 UDEC 对裂隙岩体进行计算分析是合理的。

本章通过 UDEC 建立数值模型，对比分析了节理规律变化与节理随机变化的流固耦合渗流场。节理规律变化时，隧道洞周岩体的渗透速度、孔隙水压力、渗流矢量及主应力分布都呈现出规律变化特征；而在节理随机变化时，相应参数表现出复杂的无规律变化特征。

　　本章通过改变节理倾角、节理间距、初始孔隙水压力、法向刚度、切向刚度及初始地应力模拟分析裂隙岩体的渗流场变化特征。在保持其他条件不变的情况下，得出以上 6 个因素变化对断面渗流流量、孔隙水压力、渗流矢量及流速的影响规律，研究结论与实际吻合较好。

第六章

DDA 新方法在隧道裂隙岩
体渗流耦合分析中的应用

裂隙岩体的渗流耦合数值模拟，是岩体渗流分析的重点和难点，数值分析结果能为我们分析问题提供参考。常见的数值分析方法有有限元法、边界元法和离散元法等，它们在分析岩土问题时都各有其优点，可以根据解决问题的不同需求进行选取。本章以非连续变形分析（DDA）方法为基础，介绍 DDA 方法的优缺点和理论原理，并在二维 DDA 方法的基础之上，结合渗流理论，介绍应用裂隙岩体渗流模型的 DDA 新方法。

6.1　DDA 方法概述

由于隧道所处的岩体环境不是均质介质而是裂隙岩体，因此，围岩的各项物理特性主要由节理裂隙的物理特性所控制，从而引起了裂隙岩体各向异性的物理力学特性。为了模拟裂隙岩体的不同性质对隧道稳定的影响，数值分析方法的计算结果可以作为参考，而且是所有研究者常用的有效方法。在所有的数值方法中，DDA 方法由于它本身在计算裂隙岩体方面的优越性而受到大家的青睐。

6.1.1　DDA 方法的特点

本章采用 DDA 方法进行裂隙岩体的数值计算，是因为 DDA 方法具有以下优点，而其他数值计算方法在这些方面较为欠缺，比如有限元法（FEM）等数值分析方法，其计算模型和实际工况差距较大。

（1）与 FEM 一样，DDA 方法根据系统的能量最低原则建立了平衡方程组。然而，由于 DDA 方法应用的是离散块体，而不是像 FEM 所用的由节点连接起来的单元，因此，

DDA 方法可以解决诸如动荷载引起的边界移动所带来的大变形问题。

（2）由于 DDA 方法采用了隐式解法，它可以应用较大时步解决动力学或准动力学问题；因此，DDA 方法提供了无条件数值稳定的快速收敛法。应用显式的离散元法（DEM），为了避免数值不稳定性，还必须谨慎采用时步。

（3）在处理块体接触方面，DDA 方法应用的是嵌入式弹簧，而不是 DEM 中用来防止计算时出现振荡的阻尼弹簧。因此，应用校正荷载可以存储系统能量。

一方面，岩体的不连续面不仅降低了岩石的强度，而且还成为地下水渗流的通道，因此，地下水和裂隙之间的相互作用由渗透力和静水压力产生，这种作用减小了裂隙面上的有效应力，从而降低了裂隙面的摩擦因数和强度，这将导致开挖岩体更容易失稳破坏。

另一方面，DDA 方法的源程序不能直接考虑渗流的作用，因此，不少研究者在 DDA 方法源程序的基础上嵌入了考虑渗流作用的子程序，进而考虑渗流作用对岩体失稳带来的影响。然而，这些方法只是针对具体工况解决具体问题，在推广应用上具有一定的局限性。本章在已有研究的基础上，将深入介绍基于 DDA 方法的源程序模拟裂隙岩体渗流作用的新方法。

6.1.2　DDA 方法的理论基础

DDA 方法是用来模拟具有离散块体的岩土材料的一种数值方法，该方法由石根华和 Goodman 提出，其他研究者在此基础上也进行了深入研究。DDA 方法既借鉴了 FEM 在计算应力和变形的特点，又吸取了 DEM 在处理破碎块体系统和块体接触方面的优点，因此 DDA 方法在很多方面具有优点。DDA 方法应用闭合积分生成刚度矩阵，同时为单元平衡方程或运动方程赋予矢量计算，计算过程中遵循如 FEM 中的总能量最低原则。在块体接触方面，DDA 方法采用了包括块体嵌入接触的诊断法用以满足非嵌入要求。另外，Tomofumi 等还将摩尔-库伦准则应用于判断块体接触面摩擦强度的问题。

1. 变形矩阵

每一个块体，每一步变形过程中将其应力、应变看成常数，应用线性近似原理，块体中任意一点的位移矩阵可以通过对应位置及位移向量 $\boldsymbol{D}$ 得到。位移向量由 6 个位移分量组成，即

$$\binom{u}{v} = \begin{pmatrix} 1 & 0 & -(y-y_0) & x-x_0 & 0 & \dfrac{y-y_0}{2} \\ 0 & 1 & x-x_0 & 0 & y-y_0 & \dfrac{x-x_0}{2} \end{pmatrix} \boldsymbol{D} \tag{6.1}$$

$$\boldsymbol{D} = (d_1,\ d_2,\ d_3,\ d_4,\ d_5,\ d_6)^{\mathrm{T}} = (u_0,\ v_0,\ r_0,\ \varepsilon_x,\ \varepsilon_y,\ \gamma_{xy})^{\mathrm{T}} \tag{6.2}$$

式中：$(x_0,\ y_0)$ 为块体质心坐标；u_0、v_0 和 r_0 分别表示直角坐标系中沿 x、y 轴方向的平动和沿一定弧向的刚体转动；ε_x、ε_y 和 γ_{xy} 分别为沿 x、y 轴方向的正应变、块体的剪应变。

2. 控制方程

总能量 Π 由块体系统中几部分能量之和组成，其中下标表示块体系统中的不同部分，

总能量表达式为

$$\Pi = \Pi_p + \Pi_l + \Pi_w + \Pi_\sigma + \Pi_e + \Pi_i + \Pi_v + \Pi_m + \Pi_c \tag{6.3}$$

式中：Π_p 为点荷载产生的能量；Π_l 为线荷载产生的能量；Π_w 为体荷载产生的能量；Π_i 为惯性荷载产生的能量；Π_σ 为主应力产生的能量；Π_e 为弹性应变产生的能量；Π_v 为黏聚力产生的能量；Π_m 为固定点外力产生的能量；Π_c 为连接力产生的能量。

对总能量求最小值，根据位移向量 $\boldsymbol{D}$，控制方程可写为

$$\frac{\partial \Pi}{\partial \boldsymbol{D}} = \frac{\partial \Pi_p}{\partial \boldsymbol{D}} + \frac{\partial \Pi_l}{\partial \boldsymbol{D}} + \frac{\partial \Pi_w}{\partial \boldsymbol{D}} + \frac{\partial \Pi_i}{\partial \boldsymbol{D}} + \frac{\partial \Pi_\sigma}{\partial \boldsymbol{D}} + \frac{\partial \Pi_e}{\partial \boldsymbol{D}} + \frac{\partial \Pi_v}{\partial \boldsymbol{D}} + \frac{\partial \Pi_m}{\partial \boldsymbol{D}} + \frac{\partial \Pi_c}{\partial \boldsymbol{D}} \tag{6.4}$$

从式（6.4）可以得出，每一个块体都可用一个局部平衡方程来描述，并可用其来描述块体系统的移动，而不同点在于采用独立的能量原理。因此，这些局部方程可以跟 FEM 一样，组装成整体方程。

3. 点荷载

作用在第 i 个块体上坐标为（x，y）点上的点荷载用（F_x，F_y）表示，因此第 i 个块体（见图 6.1）上点（x，y）的位移（u，v）为

$$\begin{pmatrix} u \\ v \end{pmatrix} = [T_i][D_i] = \begin{pmatrix} t_{11} & t_{12} & t_{13} & t_{14} & t_{15} & t_{16} \\ t_{21} & t_{22} & t_{23} & t_{24} & t_{25} & t_{26} \end{pmatrix} \begin{pmatrix} d_{1i} \\ d_{2i} \\ d_{3i} \\ d_{4i} \\ d_{5i} \\ d_{6i} \end{pmatrix} \tag{6.5}$$

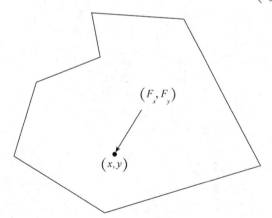

图 6.1　点荷载

点荷载（F_x，F_y）产生的势能可表示为

$$\Pi_p = -(F_x u + F_x v) = -(u,\ v)\begin{pmatrix} F_x \\ F_y \end{pmatrix} = -(D_i)^{\mathrm{T}}(T_i(x,\ y))^{\mathrm{T}}\begin{pmatrix} F_x \\ F_y \end{pmatrix} \tag{6.6}$$

对 Π_p 求最小值得

$$f_r = -\frac{\partial \Pi_p(0)}{\partial d_{ri}} = \frac{\partial}{\partial d_{ri}}[D_i]^{\mathrm{T}}[T_i(x, y)]^{\mathrm{T}}\begin{pmatrix} F_x \\ F_y \end{pmatrix} = (F_x t_{1r} + F_y t_{2r}) \qquad r = 1, 2, \cdots, 6$$

$$(6.7)$$

$f_r(r = 1, 2, \cdots, 6)$ 可形成 6×1 的子矩阵，即

$$\begin{vmatrix} t_{11} & t_{21} \\ t_{12} & t_{22} \\ t_{13} & t_{23} \\ t_{14} & t_{24} \\ t_{15} & t_{25} \\ t_{16} & t_{26} \end{vmatrix}\begin{pmatrix} F_x \\ F_y \end{pmatrix} = [F_i]$$

此处的 $[F_i]$ 为 6×2 和 2×1 的两个矩阵之积。

4. 线荷载

假设荷载沿点 (x_1, y_1) 到点 (x_2, y_2) 之间呈线性分布，如图 6.2 所示，线荷载方程可表示为

$$x = (x_2 - x_1)t + x_1, \qquad y = (y_2 - y_1)t + y_1, \qquad 0 \leqslant t \leqslant 1 \qquad (6.8)$$

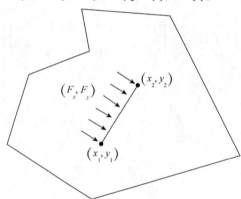

图 6.2 线荷载

线段长度可表示为

$$l = \sqrt{(x_2 - x_1)^2 + (y_2 - y_1)^2} \qquad (6.9)$$

设荷载为

$$F_x = F_x(t) \qquad (6.10)$$

沿加载线变化，线荷载 $(F_x(t), F_y(t))$ 产生的势能可表示为

$$\Pi_l = -\int_0^1 (u \quad v)\begin{pmatrix} F_x(t) \\ F_y(t) \end{pmatrix} l\mathrm{d}t = -[D_i]^{\mathrm{T}}\int_0^1 [T_i]^{\mathrm{T}}\begin{pmatrix} F_x(t) \\ F_y(t) \end{pmatrix} l\mathrm{d}t$$

$$= -(d_{1i} \quad d_{2i} \quad d_{3i} \quad d_{4i} \quad d_{5i} \quad d_{6i})\int_0^1 [T_i]^{\mathrm{T}}\begin{pmatrix} F_x(t) \\ F_y(t) \end{pmatrix} l\mathrm{d}t \qquad (6.11)$$

对 Π_l 求最小值得

$$f_r = -\frac{\partial \Pi_l}{\partial d_{ri}} = \frac{\partial}{\partial d_{ri}}(\ [D_i]^\mathrm{T}\int_0^1 [T_i]^\mathrm{T}\binom{F_x}{F_y}l\mathrm{d}t)\qquad r=1,\ 2,\ \cdots,\ 6$$

$$\int_0^1 [T_i]^\mathrm{T}\binom{F_x}{F_y}l\mathrm{d}t \rightarrow [F_i] \tag{6.12}$$

此处的 $[F_i]$ 为 6×2 和 2×1 的两个矩阵之积。

5. 体荷载

假设 f_x、f_y 是作用在第 i 个块体上的恒定体积力，而且 x_0、y_0 为第 i 个块体的重心坐标，因此

$$x_0 = \frac{S_x}{S},\qquad y_0 = \frac{S_y}{S} \tag{6.13}$$

由此可得

$$S = \iint\mathrm{d}x\mathrm{d}y,\qquad S_x = \iint x\mathrm{d}x\mathrm{d}y,\qquad S_y = \iint y\mathrm{d}x\mathrm{d}y \tag{6.14}$$

恒定体积力 f_x、f_y 产生的势能为

$$\Pi_w = -\iint(f_x u + f_y v)\mathrm{d}x\mathrm{d}y = -\iint(u\quad v)\binom{f_x}{f_y}\mathrm{d}x\mathrm{d}y = -[D_i]^\mathrm{T}\iint[T_i]^\mathrm{T}\mathrm{d}x\mathrm{d}y\binom{f_x}{f_y} \tag{6.15}$$

由于

$$\iint[T_i]^\mathrm{T}\mathrm{d}x\mathrm{d}y = \begin{pmatrix} S & 0 \\ 0 & S \\ -S_y + y_0 S & S_x - x_0 S \\ S_x - x_0 S & 0 \\ 0 & S_y - y_0 S \\ S_y - y_0 S/2 & S_x - x_0 S/2 \end{pmatrix} = \begin{pmatrix} S & 0 \\ 0 & S \\ 0 & 0 \\ 0 & 0 \\ 0 & 0 \\ 0 & 0 \end{pmatrix} \tag{6.16}$$

根据式（6.14），因为 x_0、y_0 是块体重心坐标，所以式（6.16）最后四行为0，即

$$\Pi_w = -[D_i]^\mathrm{T}\begin{pmatrix} f_x S \\ f_y S \\ 0 \\ 0 \\ 0 \\ 0 \end{pmatrix} \tag{6.17}$$

对势能求导并取最小值，得

$$f_r = -\frac{\partial \Pi_w(0)}{\partial d_{ri}} = \frac{\partial}{\partial d_{ri}} [D_i]^{\mathrm{T}} \begin{pmatrix} f_x S \\ f_y S \\ 0 \\ 0 \\ 0 \\ 0 \end{pmatrix} \qquad r = 1, 2, \cdots, 6 \qquad (6.18)$$

f_r（$r = 1, 2, \cdots, 6$）可以形成一个 6×1 的矩阵，即

$$\begin{pmatrix} f_x S \\ f_y S \\ 0 \\ 0 \\ 0 \\ 0 \end{pmatrix} = [F_i] \qquad (6.19)$$

6. 初始荷载

对于第 i 个块体，初始恒定应力（σ_x^0，σ_y^0，τ_{xy}^0）所产生的势能为

$$\Pi_\sigma = -\iint (\varepsilon_x \sigma_x^0 + \varepsilon_y \sigma_y^0 + \gamma_{xy} \tau_{xy}^0) \mathrm{d}x\mathrm{d}y = -S(\varepsilon_x \sigma_x^0 + \varepsilon_y \sigma_y^0 + \gamma_{xy} \tau_{xy}^0)$$

$$= -S[D_i]^{\mathrm{T}} \begin{pmatrix} 0 \\ 0 \\ 0 \\ \sigma_x^0 \\ \sigma_y^0 \\ \tau_{xy}^0 \end{pmatrix} = -S[D_i]^{\mathrm{T}} [\sigma_0] \qquad (6.20)$$

对第 i 个块体的整个表面积进行积分，S 为面积。通过求导，对 Π_σ 取最小值得

$$f_r = -\frac{\partial \Pi_\sigma}{\partial d_{ri}} = S \frac{\partial [D_i]^{\mathrm{T}} [\sigma_0]}{\partial d_{ri}} \qquad r = 1, 2, \cdots, 6 \qquad (6.21)$$

f_r 是一个 6×1 矩阵，即

$$S[\sigma_0] = [F_i] \qquad (6.22)$$

7. 弹性应力

由第 i 个块体的弹性应力产生的弹性应变能为

$$\Pi_e = \iint \frac{1}{2} (\varepsilon_x \sigma_x + \varepsilon_y \sigma_y + \gamma_{xy} \tau_{xy}) \mathrm{d}x\mathrm{d}y \qquad (6.23)$$

式（6.23）对第 i 个块体的整个表面积进行积分，对于每一个位移，假设块体为线弹性体，因此，在平面应力情况下有

$$\Pi_e = \iint \frac{1}{2} (\varepsilon_x + \varepsilon_y + \gamma_{xy}) \begin{pmatrix} \sigma_x \\ \sigma_y \\ \tau_{xy} \end{pmatrix} \mathrm{d}x\mathrm{d}y = \frac{1}{2} \iint (\varepsilon_x + \varepsilon_y + \gamma_{xy}) [E_i] \begin{pmatrix} \varepsilon_x \\ \varepsilon_y \\ \gamma_{xy} \end{pmatrix} \mathrm{d}x\mathrm{d}y \quad (6.24)$$

即

$$\Pi_e = \frac{1}{2} \iint [D_i]^\mathrm{T} [E_i] [D_i] \mathrm{d}x\mathrm{d}y = \frac{1}{2} [D_i]^\mathrm{T} \left(\iint [E_i] \mathrm{d}x\mathrm{d}y \right) [D_i]$$

$$= \frac{S}{2} [D_i]^\mathrm{T} [E_i] [D_i] \quad (6.25)$$

S 为第 i 个块体的表面积，求导，并对弹性应变能 Π_e 取最小值得

$$\boldsymbol{k}_{rs} = \frac{\partial \Pi_e}{\partial d_{ri} \partial d_{si}} = \frac{S}{2} \frac{\partial^2}{\partial d_{ri} \partial d_{si}} ([D_i]^\mathrm{T} [E_i] [D_i]) \qquad r, s = 1, 2, \cdots, 6 \quad (6.26)$$

$\boldsymbol{k}_{rs}$ 为 6×6 矩阵，即

$$S[E_i] = [k_{ii}] \quad (6.27)$$

8. 惯性荷载

单位面积上的惯性荷载表达式为

$$\begin{pmatrix} f_x \\ f_y \end{pmatrix} = -M \begin{pmatrix} \dfrac{\partial^2 u(t)}{\partial t^2} \\ \dfrac{\partial^2 v(t)}{\partial t^2} \end{pmatrix} = -M \frac{\partial^2}{\partial t^2} \begin{pmatrix} u(t) \\ v(t) \end{pmatrix} = -M [T_i] \frac{\partial^2 [D_i(t)]}{\partial t^2} \quad (6.28)$$

式中：$(u(t), v(t))$ 表示第 i 个块体中对应于点 (x, y) 且与时间有关的位移值。从而，第 i 个块体的惯性荷载产生的势能可表示为

$$\Pi_i = -\iint (u, v) \begin{pmatrix} f_x \\ f_y \end{pmatrix} \mathrm{d}x\mathrm{d}y = \iint M [D_i]^\mathrm{T} [T_i]^\mathrm{T} [T_i] \frac{\partial^2 [D_i(t)]}{\partial t^2} \mathrm{d}x\mathrm{d}y \quad (6.29)$$

如果用 Δ 作为时间增量，对时间进行积分可得

$$\frac{\partial^2 [D_i(t)]}{\partial t^2} = \frac{2}{\Delta^2} [D_i] - \frac{2}{\Delta} \frac{\partial [D_i(t)]}{\partial t} = \frac{2}{\Delta^2} [D_i] - \frac{2}{\Delta} [V_0] \quad (6.30)$$

V_0 是计算时步中的初始变形速度，可得

$$[V_0] = \frac{\partial [D_i(t)]}{\partial t} = \begin{pmatrix} V_{0(u_0)} & V_{0(v_0)} & V_{0(r_0)} \end{pmatrix}^\mathrm{T} \quad (6.31)$$

因此，惯性荷载产生的势能可表示为

$$\Pi_i = [D_i]^\mathrm{T} \iint [T_i]^\mathrm{T} [T_i] \mathrm{d}x\mathrm{d}y \left(\frac{2M}{\Delta^2} [D_i] - \frac{2M}{\Delta} V_0 \right) \quad (6.32)$$

惯性荷载产生的势能对位移求导，得

$$\boldsymbol{f}_r = -\frac{\partial \Pi_i}{\partial d_{ri}} = -[D_i]^\mathrm{T} \iint [T_i]^\mathrm{T} [T_i] \mathrm{d}x\mathrm{d}y \left(\frac{2M}{\Delta^2} [D_i] - \frac{2M}{\Delta} V_0 \right) \qquad r = 1, 2, 3 \quad (6.33)$$

$\boldsymbol{f}_r$ 为 6×1 矩阵，即

$$\iint [T_i]^T [T_i] \, \mathrm{d}x\mathrm{d}y \left(\frac{2M}{\Delta^2} [D_i] - \frac{2M}{\Delta} V_0 \right) = [F_i] \tag{6.34}$$

式（6.34）中的 $[D_i]$ 为未知矩阵，因此，该式可以转化为以下两式，即

$$\frac{2M}{\Delta^2} \iint [T_i]^T [T_i] \, \mathrm{d}x\mathrm{d}y = [K_{ii}] \tag{6.35}$$

$$\frac{2M}{\Delta} \left(\iint [T_i]^T [T_i] \, \mathrm{d}x\mathrm{d}y \right) [V_0] = [F_i] \tag{6.36}$$

9. 黏聚力

由于岩块之间的黏结作用产生的抗力与块体移动速度和块体表面积成正比，因此当每个单位时间的位移增量被给定时，黏聚力可表示为

$$\binom{f_x}{f_y} = \frac{\eta}{\Delta} \binom{u}{v} \tag{6.37}$$

式中：Δ 为时步；η 为黏度；u、v 为单位时间的位移增量。第 i 个块体由黏聚力产生的势能为

$$\Pi_v = \iint (u \quad v) \binom{f_x}{f_y} \mathrm{d}x\mathrm{d}y = \iint [D_i]^T [T_i]^T \binom{f_x}{f_y} \mathrm{d}x\mathrm{d}y$$

$$= [D_i]^T \iint [T_i]^T \binom{f_x}{f_y} \mathrm{d}x\mathrm{d}y \tag{6.38}$$

黏聚力也可以当作体积力来处理。为了达到平衡，Π_v 对位移变量取最小值得

$$f_r = -\frac{\partial \Pi_v}{\partial d_{ri}} = -\frac{\partial}{\partial d_{ri}} \left([D_i]^T \iint [T_i]^T \binom{f_x}{f_y} \mathrm{d}x\mathrm{d}y \right) \qquad r = 1, 2, \cdots, 6 \tag{6.39}$$

f_r 为一个 6×1 矩阵，同时可得

$$-\iint [T_i]^T \binom{f_x}{f_y} \mathrm{d}x\mathrm{d}y = -\frac{\eta}{\Delta} \iint [T_i]^T [T_i] [D_i] \binom{f_x}{f_y} \mathrm{d}x\mathrm{d}y = [F_i] \tag{6.40}$$

10. 约束节点力

某些块体被固定在特定的点上作为边界条件，而约束就是在块体系统中用刚度非常大的弹簧来实现。假设固定点为第 i 个块体上的 (x, y)，则位移可表示为

$$(u(x, y), v(x, y)) = (0, 0) \tag{6.41}$$

若计算位移用 (u, v) 表示，沿 x 和 y 方向分别用弹簧连接，弹簧的刚度用 p 表示，则约束节点力可表示为

$$\binom{f_x}{f_y} = \binom{-pu}{-pv} \tag{6.42}$$

因此，约束节点力产生的弹性势能 Π_m 可表示为

$$\Pi_m = \frac{p}{2}(u^2 + v^2) = \frac{p}{2}(u \quad v) \binom{u}{v} \tag{6.43}$$

由于

$$\binom{u}{v} = [T_i][D_i] \quad (u \quad v) = [D_i]^{\mathrm{T}}[T_i]^{\mathrm{T}} \tag{6.44}$$

则 Π_m 可表示为

$$\Pi_m = \frac{p}{2}[D_i]^{\mathrm{T}}[T_i]^{\mathrm{T}}[T_i][D_i] \tag{6.45}$$

对 Π_m 求导并取最小值得

$$\boldsymbol{k}_{rs} = \frac{\partial^2 \Pi_m}{\partial d_{ri}\partial d_{si}} = \frac{p}{2}\frac{\partial^2}{\partial d_{ri}\partial d_{si}}([D_i]^{\mathrm{T}}[T_i]^{\mathrm{T}}[T_i][D_i])$$

$$= p(t_{1r}t_{1s} + t_{2r}t_{2s}), \quad r, s = 1, 2, \cdots, 6 \tag{6.46}$$

$\boldsymbol{k}_{rs}$ 为 6×1 矩阵，即

$$p[T_i]^{\mathrm{T}}[T_i] = [K_{ii}] \tag{6.47}$$

11. 连接力

假设用锚杆或连杆连接第 i 个块体的点 (x_1, y_1) 和第 j 个块体的点 (x_2, y_2)，连接点不一定是块体的顶点，则锚杆端点的位移可表示为

$$\mathrm{d}x_1 = u_1 = u(x_1, y_1)$$
$$\mathrm{d}y_1 = v_1 = v(x_1, y_1)$$
$$\mathrm{d}x_2 = u_2 = u(x_2, y_2)$$
$$\mathrm{d}y_2 = v_2 = v(x_2, y_2) \tag{6.48}$$

锚杆的长度可表示为

$$l = \sqrt{(x_2 - x_1)^2 + (y_2 - y_1)^2} \tag{6.49}$$

$$\mathrm{d}l = (u_1 \quad v_1)\binom{l_x}{l_y} - (u_2 \quad v_2)\binom{l_x}{l_y} = [D_i]^{\mathrm{T}}[T_i]^{\mathrm{T}}\binom{l_x}{l_y} - [D_j]^{\mathrm{T}}[T_j]^{\mathrm{T}}\binom{l_x}{l_y} \tag{6.50}$$

此处

$$l_x = \frac{x_1 - x_2}{l}, \quad l_y = \frac{y_1 - y_2}{l} \tag{6.51}$$

为锚杆的方向余弦。

假设锚杆的刚度为 s，则锚杆的连接力可表示为

$$l_x = \frac{x_1 - x_2}{l}, \quad l_y = \frac{y_1 - y_2}{l} \tag{6.52}$$

锚杆连接力产生的弹性应变能可表示为

$$\Pi_c = -\frac{1}{2}f\mathrm{d}l = \frac{s}{2l}\mathrm{d}l^2 = \frac{s}{2l}\left([D_i]^{\mathrm{T}}[T_i]^{\mathrm{T}}\binom{l_x}{l_y} - [D_j]^{\mathrm{T}}[T_j]^{\mathrm{T}}\binom{l_x}{l_y}\right)^2$$

$$= \frac{s}{2l}[D_i]^{\mathrm{T}}[T_i]^{\mathrm{T}}\binom{l_x}{l_y}(l_x \quad l_y)[T_i][D_i] - \frac{s}{l}[D_i]^{\mathrm{T}}[T_i]^{\mathrm{T}}\binom{l_x}{l_y}(l_x \quad l_y)[T_j][D_j] +$$

$$\frac{s}{2l} [D_j]^T [T_j]^T \binom{l_x}{l_y} (l_x \quad l_y) [T_j] [D_j]$$

$$= \frac{s}{2l} [D_i]^T [E_i] [E_i]^T [D_i] - \frac{s}{l} [D_i]^T [E_i] [G_j]^T [D_j] + \frac{s}{2l} [D_j]^T [G_j] [G_j]^T [D_j]$$

(6.53)

此处

$$[E_i] = [T_i]^T \binom{l_x}{l_y} = \begin{pmatrix} e_1 \\ e_2 \\ e_3 \\ e_4 \\ e_5 \\ e_6 \end{pmatrix}$$

(6.54)

$$[G_j] = [T_j]^T \binom{l_x}{l_y} = \begin{pmatrix} g_1 \\ g_2 \\ g_3 \\ g_4 \\ g_5 \\ g_6 \end{pmatrix}$$

(6.55)

对 Π_c 求导得

$$k_{rs} = \frac{\partial^2 \Pi_c}{\partial d_{ri} \partial d_{si}} = \frac{s}{2l} \frac{\partial^2}{\partial d_{ri} \partial d_{si}} ([D_i]^T [E_i]^T [E_i] [D_i])$$

$$= \frac{s}{l} e_r e_s \qquad r, s = 1, 2, \cdots, 6$$

(6.56)

由此可得 6×6 矩阵，即

$$\frac{s}{l} \begin{pmatrix} e_1 \\ e_2 \\ e_3 \\ e_4 \\ e_5 \\ e_6 \end{pmatrix} (e_1 \quad e_2 \quad e_3 \quad e_4 \quad e_5 \quad e_6) = [K_{ii}]$$

(6.57)

可将式 (6.57) 代入整体方程的子矩阵 $[K_{ii}]$ 中，得

$$k_{rs} = \frac{\partial^2 \Pi_c}{\partial d_{ri} \partial d_{sj}} = \frac{s}{l} \frac{\partial^2}{\partial d_{ri} \partial d_{sj}} ([D_i]^T [E_i]^T [G_j] [D_j])$$

(6.58)

$$= -\frac{s}{l} e_r g_s \qquad r, s = 1, 2, \cdots, 6$$

由此可得 6×6 矩阵，即

$$- \frac{s}{l} \begin{pmatrix} e_1 \\ e_2 \\ e_3 \\ e_4 \\ e_5 \\ e_6 \end{pmatrix} (g_1 \quad g_2 \quad g_3 \quad g_4 \quad g_5 \quad g_6) = [K_{ij}] \tag{6.59}$$

可将此矩阵代入整体方程的子矩阵 $[K_{ij}]$ 中，得

$$\boldsymbol{k}_{rs} = \frac{\partial^2 \Pi_c}{\partial d_{rj} \partial d_{si}} = \frac{s}{l} \frac{\partial^2}{\partial d_{rj} \partial d_{si}} ([D_j]^{\mathrm{T}} [E_j]^{\mathrm{T}} [G_i] [D_i])$$

$$= -\frac{s}{l} g_r e_s \qquad r, s = 1, 2, \cdots, 6 \tag{6.60}$$

可得 6×6 矩阵，即

$$- \frac{s}{l} \begin{pmatrix} g_1 \\ g_2 \\ g_3 \\ g_4 \\ g_5 \\ g_6 \end{pmatrix} (e_1 \quad e_2 \quad e_3 \quad e_4 \quad e_5 \quad e_6) = [K_{ji}] \tag{6.61}$$

将此矩阵代入整体方程中的子矩阵 $[K_{ji}]$ 中，得

$$\boldsymbol{k}_{rs} = \frac{\partial^2 \Pi_c}{\partial d_{rj} \partial d_{sj}} = \frac{s}{2l} \frac{\partial^2}{\partial d_{rj} \partial d_{sj}} ([D_j]^{\mathrm{T}} [E_j]^{\mathrm{T}} [G_j] [D_j])$$

$$= \frac{s}{l} g_r g_s \qquad r, s = 1, 2, \cdots, 6 \tag{6.62}$$

可得 6×6 矩阵，即

$$\frac{s}{l} \begin{pmatrix} g_1 \\ g_2 \\ g_3 \\ g_4 \\ g_5 \\ g_6 \end{pmatrix} (g_1 \quad g_2 \quad g_3 \quad g_4 \quad g_5 \quad g_6) = [K_{jj}] \tag{6.63}$$

将此矩阵代入整体方程的子矩阵 $[K_{jj}]$ 中。

12. 整体方程

块体之间的接触及块体边界位移约束将独立块体形成了块体系统。假设在定义的块体系统中有 n 个块体，则建立联立的平衡方程为

$$
\begin{pmatrix}
K_{11} & K_{12} & K_{13} & \cdots & K_{1n} \\
K_{21} & K_{22} & K_{23} & \cdots & K_{2n} \\
K_{31} & K_{32} & K_{33} & \cdots & K_{3n} \\
\vdots & \vdots & \vdots & \vdots & \vdots \\
K_{n1} & K_{n2} & K_{n3} & \cdots & K_{nn}
\end{pmatrix}
\begin{pmatrix}
D_1 \\ D_2 \\ D_3 \\ \vdots \\ D_n
\end{pmatrix}
=
\begin{pmatrix}
F_1 \\ F_2 \\ F_3 \\ \vdots \\ F_n
\end{pmatrix}
\tag{6.64}
$$

在式（6.64）给出的每个单位系数矩阵中，由于块体有 6 个自由度（u_0，v_0，r_0，ε_x，ε_y，γ_{xy}），因此式（6.64）是 6×6 矩阵。$[D_i]$ 和 $[F_i]$ 是 6×1 矩阵。其中，$[D_i]$ 表示第 i 个块体的位移变量（d_{1i}，d_{2i}，d_{3i}，d_{4i}，d_{5i}，d_{6i}），$[F_i]$ 表示加载到第 i 个块体上且分别沿 6 个位移分量方向的荷载矩阵。子矩阵 $[K_{ii}]$ 取决于第 i 个块体的材料特性和矩阵 $[K_{ij}]$。$i \neq j i \neq j$ 是由第 i 个块体与第 j 个块体之间的接触决定的。平衡方程由应力和荷载产生的总能量 Π 取最小值得到。

6.2 隧道围岩 DDA 渗流耦合模型

利用 DDA 方法进行隧道围岩渗流工况计算时，可根据工况要求，对数值建模进行假设。本节基于对均一介质渗流解析解的推导，将推导结果应用到裂隙岩体的渗流模型中，建立应用 DDA 方法进行裂隙岩体渗流计算的数值模型。

6.2.1 孔隙水压力的理论计算

1. 裂隙岩体单元受力分析

在渗流与应力的共同作用下，裂隙受到复合应力场影响，表现出复杂的扩展模式。为了深入分析复合应力场对裂隙扩展的影响，现对裂隙所受应力场进行叠加分析，将其主要分为两个应力场：一是远场表观应力场；二是由于孔隙对裂隙的水流补给所产生的渗流应力场，此应力场的场强处处相等，产生的作用相同。

在岩石细观损伤研究中，为方便数学处理，将三维币状裂隙简化为二维平面裂隙，因此裂隙在二维平面内转化为一条线段，经大量实践证明，该方法可行。因此，本书中采用平面分析，应用叠加法分析裂隙所受应力场，如图 6.3 所示。

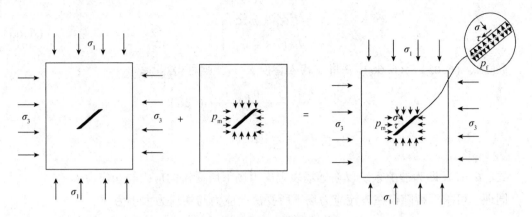

图6.3　裂隙系统应力场叠加

图6.3中，裂隙的长为 $2a$ ，裂隙与最大主应力 σ_1 间的夹角为 α ，首先对图6.3中的裂隙单元进行分析。运用弹性力学知识可知，在裂隙上取一点 P ，在 P 点附近取线段 AB ，线段 AB 与裂隙平行，即 AB 与最大主应力的夹角为 α ，取线段 AB 与 P 连线形成三角形，如图6.4所示。当 AB 长度减小并逐渐向 P 点靠近时，此时裂隙上的应力就可以用 AB 上计算出的应力表示。

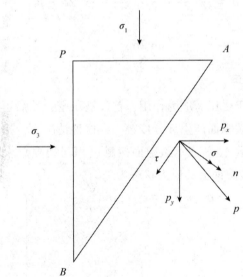

图6.4　裂隙单元受力简图

此时可求得两个主应力为

$$\left.\begin{array}{l} \sigma_x = \dfrac{-\sigma_1 - \sigma_3}{2} + \dfrac{-\sigma_1 + \sigma_3}{2} \\[3mm] \sigma_y = \dfrac{-\sigma_1 - \sigma_3}{2} - \dfrac{-\sigma_1 + \sigma_3}{2} \end{array}\right\} \tag{6.65}$$

令 $\cos(n, x) = l$ ，$\cos(n, y) = m$ ，即

$$\left.\begin{array}{l} \sigma = l^2\sigma_1 + m^2\sigma_2 \\ \tau = lm(\sigma_2 - \sigma_1) \end{array}\right\} \tag{6.66}$$

联立式（6.65）、（6.66）并将 α 代入替换 l、m，则可得

$$\left.\begin{array}{l} \sigma = \dfrac{-\sigma_1 - \sigma_3}{2} - \dfrac{-\sigma_1 + \sigma_3}{2}\cos 2\alpha \\[2mm] \tau = \dfrac{\sigma_1 - \sigma_3}{2}\sin 2\alpha \end{array}\right\} \tag{6.67}$$

式（6.67）即为裂隙系统仅在远场表观应力场下所受法向应力与切应力。

同理，可求得裂隙仅在渗流应力场下所受法向应力与切应力大小为

$$\left.\begin{array}{l} \sigma = -p_{\mathrm{m}} \\ \tau = 0 \end{array}\right\} \tag{6.68}$$

由于孔隙水流对裂隙的补给，造成裂隙渗透压力的变化，变化后的孔隙水压力为 p_{f}，此时对远场表现应力场与渗流应力场进行叠加，并规定压应力为正，拉应力为负，可得渗流–应力耦合作用下裂隙面的法向应力与切应力为

$$\left.\begin{array}{l} \sigma = \dfrac{\sigma_1 + \sigma_3}{2} - \dfrac{\sigma_1 - \sigma_3}{2}\cos 2\alpha - p_{\mathrm{f}} \\[2mm] \tau = \dfrac{\sigma_1 - \sigma_3}{2}\sin 2\alpha \end{array}\right\} \tag{6.69}$$

2. 裂隙渗透压力的修正

裂隙岩体中的裂隙由于受压剪应力作用，首先被压密，然后再发生扩展，裂隙面并不是平滑的，在压密过程中裂隙面产生部分接触。在这种情况下，接触的一面孔隙水压力不再产生作用，因此引入系数 ξ，ξ 表示裂隙面接触面积与裂隙总表面积的比值，那么此时的渗透压力就变为 ξp_{f}，裂隙面上的应力状态为

$$\left.\begin{array}{l} \sigma = \dfrac{\sigma_1 + \sigma_3}{2} - \dfrac{\sigma_1 - \sigma_3}{2}\cos 2\alpha - \xi p_{\mathrm{f}} \\[2mm] \tau = \dfrac{\sigma_1 - \sigma_3}{2}\sin 2\alpha \end{array}\right\} \tag{6.70}$$

依据 Walsh 等的分析，ξ 为

$$\xi = 1 - \frac{\sqrt{3}\,\pi(\lambda/h)\,[\sigma_z - \mu(\sigma_x + \sigma_y)]}{E(1 - \mu^2)} \tag{6.71}$$

式中：λ 为裂隙间的距离；h 为裂隙面有效高度分量，一般的 λ/h 可取为 2.0；μ 为泊松比。

6.2.2 渗流解析解推导

由于开挖等原因，使得隧道周边围岩受到扰动，改变了其本来的渗流特性。为了研究扰动区围岩对围岩整个渗流特性的影响，本节假设了如图 6.5 所示的半平面渗流模型。在图 6.5 中，x 轴方向表示地层表面，r_1 为隧道半径，r_2 为扰动区外半径，γ_1 和 k_1 为扰动区围

岩的重度和渗透率，γ_2 和 k_2 为原岩的重度和渗透率，h 为隧道的埋深，H 为地表总水头，隧道周边存在常水头 h_a。

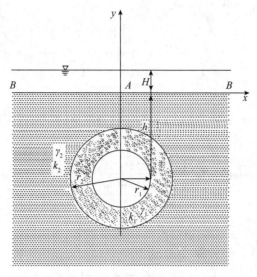

图 6.5　半平面渗流模型

本节的理论研究主要采用共形投影方法，假设实际工况的扰动区围岩在复平面（共形投影平面）上的投影如图 6.6 所示。α_1 对应于半平面中的隧道圆周的投影半径，α_2 对应于半平面中的扰动区外边界圆环的投影半径，半径为 1 的圆环对应半平面的地层表面水平线。另外，投影平面内的扰动区圆环还原到半平面内并不是如图 6.5 所示的扰动区圆环，而是比实际扰动区域大，即拱顶部分与扰动区边界重合，仰拱以下部分比假设的图 6.5 所示扰动区域面积要大，所以本节推导得来的解析解的定义域始终包含了图 6.5 所示的扰动区域，在应用本节的解析解进行实际工况的渗流讨论时，实际的渗流区域始终在有效的定义域内，计算结果总是合理的。

将图 6.5 所示的半平面投影到如图 6.6 所示的复平面上的投影方程为

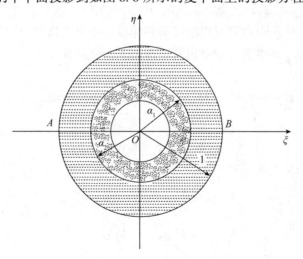

图 6.6　共形投影平面

$$\zeta = \omega(z) = \frac{(1 + \alpha^2)z - ih(\alpha^2 - 1)}{(1 + \alpha^2)z + ih(\alpha^2 - 1)} \tag{6.72}$$

α_1 和 α_2 定义为

$$\frac{r_1}{h} = \frac{2\alpha_1}{1 + \alpha_1^2} \tag{6.73}$$

$$\frac{r_2}{h} = \frac{2\alpha_2}{1 + \alpha_2^2} \tag{6.74}$$

从式 (6.73)、(6.74) 可以看出，α_1 和 α_2 仅与隧道的相对埋深有关。根据式 (6.72)，引入复数势函数，即

$$F(z) = \lg(\omega) = \lg\left[\frac{(1 + \alpha^2)z - ih(\alpha^2 - 1)}{(1 + \alpha^2)z + ih(\alpha^2 - 1)}\right] = \lg|\omega| + i\psi \tag{6.75}$$

令

$$\varphi = \mathrm{Re}(F) = \lg|\omega| \tag{6.76}$$

因此围岩中的总水头分布方程可表示为

$$h_1(x, y) = C_1\varphi(x + iy) + C_2 \tag{6.77}$$

$$h_2(x, y) = C_3\varphi(x + iy) + C_4 \tag{6.78}$$

式 (6.77)、(6.78) 中：C_1、C_2、C_3 和 C_4 为常数；h_1 和 h_2 分别代表扰动区围岩和原岩的总水头分布函数。根据半平面内的边界条件，可得下列方程。

在水平地层表面有

$$\varphi_h = \lg(1) = 0 ， h_2(x, 0) = H$$

在隧道表面有

$$\varphi_{r_1} = \lg(a_1) ， h_1(x, y) = h_a$$

在扰动区外边界处有

$$\varphi_{r_2} = \lg(\alpha_2) ， h_1(x, y) = h_2(x, y)$$

在复平面内，沿任意同心圆圆周的流量都相等，令沿隧道周边的流量为 Q_1，沿扰动区外边界的流量为 Q_2，则根据流量守恒，可得如下方程，即

$$Q_1 = Q_2 \tag{6.79}$$

假设沿各边界的流速分别为 q_1 和 q_2，根据达西定律，流速 q_1 和 q_2 可分别表示为

$$q_1 = k_1 i_{\rho1} = k_1 \Delta h_1 \tag{6.80}$$

$$q_2 = k_2 i_{\rho2} = k_2 \Delta h_2 \tag{6.81}$$

因此流量 Q_1 和 Q_2 可表示为

$$Q_1 = \int_{\partial A_1} q_1 = \int_{\partial A_1} k_1 \Delta h_1 \tag{6.82}$$

$$Q_2 = \int_{\partial A_2} q_2 = \int_{\partial A_2} k_2 \Delta h_2 \tag{6.83}$$

∂A_1 和 ∂A_2 分别表示隧道圆周 $x^2 + (y - h)^2 = r_1^2$ 和扰动区外边界圆周 $x^2 + (y - h)^2 = r_2^2$；根据高斯散度定理可得

$$Q_1 = k_1 \int_{A_1} \int_{A_1} \Delta h_1 \mathrm{d}x \mathrm{d}y \tag{6.84}$$

$$Q_2 = k_2 \int_{A_2} \int_{A_2} \Delta h_2 \mathrm{d}x \mathrm{d}y \tag{6.85}$$

A_1 和 A_2 分别表示隧道断面面积 $x^2 + (y - h)^2 \leqslant r_1^2$ 和扰动区外边界包围的断面面积 $x^2 + (y - h)^2 \leqslant r_2^2$。将式（6.76）和式（6.77）代入式（6.83）、（6.84）中，则有

$$Q_1 = C_1 k_1 \int_{\omega_1} \int_{\omega_1} \Delta \varphi \mathrm{d}x \mathrm{d}y \tag{6.86}$$

$$Q_2 = C_2 k_2 \int_{\omega_2} \int_{\omega_2} \Delta \varphi \mathrm{d}x \mathrm{d}y \tag{6.87}$$

又著名的方程 $\Delta \lg |\omega| = 2\pi \delta_0$，其中 $\delta_0 = \int_{-\infty}^{+\infty} \delta \mathrm{d}x = 1$，因此，有

$$\int_{\omega_1} \int_{\omega_1} \Delta \varphi \mathrm{d}x \mathrm{d}y = 2\pi \tag{6.88}$$

$$\int_{\omega_2} \int_{\omega_2} \Delta \varphi \mathrm{d}x \mathrm{d}y = 2\pi \tag{6.89}$$

由式（6.78）、（6.85）、（6.86）、（6.87）、（6.88）可得

$$C_1 k_1 = C_3 k_2 \tag{6.90}$$

由以上各边界条件和式（6.89），可求得常数 C_1、C_2、C_3 和 C_4 分别为

$$C_1 = \frac{(h_a - H) k_2}{k_2 \lg \alpha_1 - (k_2 - k_1) \lg \alpha_2}$$

$$C_2 = h_a + \frac{(H - h_a) k_2 \lg \alpha_1}{k_2 \lg \alpha_1 - (k_2 - k_1) \lg \alpha_2}$$

$$C_3 = \frac{(h_a - H) k_1}{k_2 \lg \alpha_1 - (k_2 - k_1) \lg \alpha_2}$$

$$C_4 = H$$

围岩总水头分布函数可表示为

$$h_1(x, y) = \frac{(h_a - H) k_2}{k_2 \lg \alpha_1 - (k_2 - k_1) \lg \alpha_2} \varphi(x + \mathrm{i}y) + h_a +$$

$$\frac{(H - h_a) k_2 \lg \alpha_1}{k_2 \lg \alpha_1 - (k_2 - k_1) \lg \alpha_2} \tag{6.91}$$

$$h_2(x, y) = \frac{(h_a - H) k_1}{k_2 \lg \alpha_1 - (k_2 - k_1) \lg \alpha_2} \varphi(x + \mathrm{i}y) + H \tag{6.92}$$

如果 $\alpha_1 = \alpha_2$，$k_1 = k_2$，则式（6.90）和式（6.91）为同一方程，此时表示围岩中不考虑扰动区的影响，围岩为均一介质。

将总水头分布函数用极坐标表示，即 $x = \rho \cos \theta$，$y = \rho \sin \theta - h$，此时可求得围岩中的径向水力梯度表达式，即

$$i_{\rho_1} = \frac{\partial h_1(\rho, \theta)}{\partial \rho}$$

$$= \frac{(h_a - H)k_2}{k_2 \lg \alpha_1 - (k_2 - k_1) \lg \alpha_2} \frac{\partial \varphi[\rho \cos \theta + i(\rho \sin \theta - h)]}{\partial \rho}$$

$$i_{\rho_2} = \frac{\partial h_2(\rho, \theta)}{\partial \rho}$$

$$= \frac{(h_a - H)k_1}{k_2 \lg \alpha_1 - (k_2 - k_1) \lg \alpha_2} \frac{\partial \varphi[\rho \cos \theta + i(\rho \sin \theta - h)]}{\partial \rho}$$

$i_{\rho 1}$ 和 $i_{\rho 2}$ 分别表示扰动区内和扰动区外的围岩内径向水力梯度，它们进一步求解后的表达式分别为

$$i_{\rho 1} = \frac{\partial h_1(\rho, \theta)}{\partial \rho}$$

$$= \frac{(h_a - H)k_2}{k_2 \lg \alpha_1 - (k_2 - k_1) \lg \alpha_2} \frac{\partial \varphi_1(\rho \cos \theta + i(\rho \sin \theta - h))}{\partial \rho}$$

$$= \frac{(h_a - H)k_2}{k_2 \lg \alpha_1 - (k_2 - k_1) \lg \alpha_2} [2(\alpha_1^4 - 1)h(1 + 2\alpha_1^2 + \alpha_1^4)\rho^2 \sin \theta - $$

$$2h(\alpha_1^4 + 2\alpha_1^2 + 1)\rho + 4\alpha_1^2 h^2 \sin \theta)/(\ln 10((\alpha_1^8 + 4\alpha_1^6 + 6\alpha_1^4 + $$

$$4\alpha_1^2 + 1)\rho^4 - 4h(6\alpha_1^4 + 4\alpha_1^6 + 4\alpha_1^2 + \alpha_1^8 + 1)\rho^3 \sin \theta + $$

$$(4h^2(10\alpha_1^4 + 1 + \alpha_1^8 + 6\alpha_1^2 + 6\alpha_1^6) - $$

$$16h^2(\alpha_1^6 + 2\alpha_1^4 + \alpha_1^2)(\cos^2 \theta))\rho^2 - $$

$$16h^3(\alpha_1^2 + 2\alpha_1^4 + \alpha_1^6)\rho \sin \theta + 16h^4 \alpha_1^4))] \tag{6.93}$$

$$i_{\rho 2} = \frac{\partial h_2(\rho, \theta)}{\partial \rho}$$

$$= \frac{(h_a - H)k_1}{k_2 \lg \alpha_1 - (k_2 - k_1) \lg \alpha_2} \frac{\partial \varphi_2(\rho \cos \theta + i(\rho \sin \theta - h))}{\partial \rho}$$

$$= \frac{(h_a - H)k_1}{k_2 \lg \alpha_1 - (k_2 - k_1) \lg \alpha_2} [2(\alpha_1^4 - 1)h(1 + 2\alpha_1^2 + \alpha_1^4)\rho^2 \sin \theta - $$

$$2h(\alpha_1^4 + 2\alpha_1^2 + 1)\rho + 4\alpha_1^2 h^2 \sin \theta)/(\ln 10(\alpha_1^8 + 4\alpha_1^6 + 6\alpha_1^4 + $$

$$4\alpha_1^2 + 1)\rho^4 - 4h(6\alpha_1^4 + 4\alpha_1^6 + 4\alpha_1^2 + \alpha_1^8 + 1)\rho^3 \sin \theta + $$

$$(4h^2(10\alpha_1^4 + 1 + \alpha_1^8 + 6\alpha_1^2 + 6\alpha_1^6) - $$

$$16h^2(\alpha_1^6 + 2\alpha_1^4 + \alpha_1^2)(\cos^2 \theta))\rho^2 - $$

$$16h^3(\alpha_1^2 + 2\alpha_1^4 + \alpha_1^6)\rho \sin \theta + 16h^4 \alpha_1^4))] \tag{6.94}$$

6.2.3 基于非线性渗流特征的 DDA 渗流模型

将解析解得出的渗流荷载定位在加载网格中，然后将渗流荷载加载到重心落到加载网格中心的岩块上，图 6.7 表示了 DDA 渗流模型的加载方法。图中 F_x、F_y 是沿坐标轴 x 和 y 方向的渗透力，虚线网格表示加载网格，各点渗透力定位在虚线网格中心，实线表示块体之间的节理面。

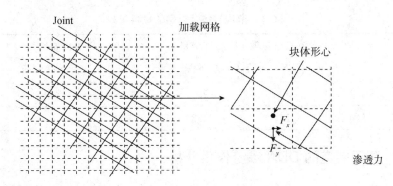

图6.7　DDA渗流模型的加载方法

　　本模型可以通过程序模块的形式将理论计算程序嵌入DDA方法的计算程序中进行，也可通过有限元软件先计算渗流特性，然后利用本模型进行计算，得到岩体考虑渗流作用的计算结果。渗流模型对于节理发育、岩体破碎的围岩，模拟结果较为理想，而对于节理不发育或渗流对岩体的作用可以忽略不计的岩体，计算结果只能作为参考。

6.3　裂隙围岩DDA新方法渗流计算分析

6.3.1　DDA渗流模型的建模及参数选取

　　为了模拟渗流作用下不连续面对隧道稳定性的影响，建立如图6.8所示的DDA渗流模型。模型中，隧道半径为5.0 m，隧道衬砌厚度为0.5 m，节理岩块及衬砌的材料参数如表6.1所示，作用在裂隙岩体上的渗透力由解析表达式计算。渗流边界为地表总水头，高度为10.0 m，隧道开挖面总水头为1.0 m。

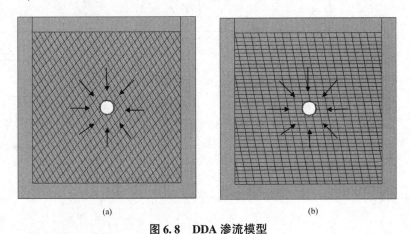

(a)　　　　　　　　　　　　　　(b)

图6.8　DDA渗流模型

（a）两组倾斜节理（工况1，不连续面小倾角工况）；（b）一组垂直节理（工况2，大倾角工况）

表6.1 节理岩体及衬砌的材料参数

节理		岩体单位容重 γ_t /(kN·m^{-3})	弹性模量 E /GPa	泊松比 μ	内摩擦角 φ /(°)	黏聚力 c /kPa
工况	岩体	30	20	0.16	40	25
	衬砌	23	24.8	0.2	—	—

6.3.2 基于隧道的 DDA 渗流作用分析

本节主要通过计算渗流的作用，讨论裂隙岩体和衬砌相互作用的情况下衬砌应力和应变的变化情况，从而分析渗流作用对隧道稳定性的影响。

图 6.9 和图 6.10 为 DDA 方法计算过程的时程曲线，曲线波动趋于平衡的点即为计算结果的取值点。

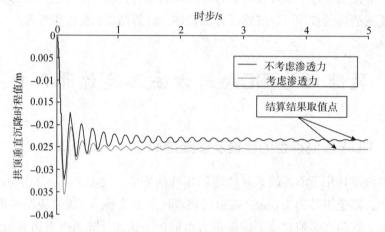

图6.9 隧道拱顶垂直沉降时程曲线 （工况1）

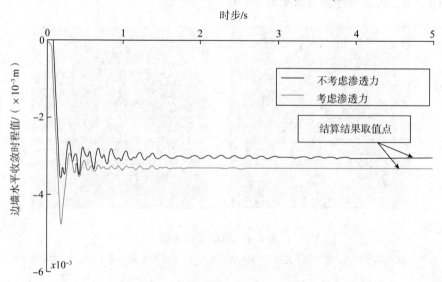

图6.10 隧道边墙水平收敛时程曲线 （工况1）

分析过程中，将衬砌应力以柱状图表示，角度为0°代表隧道拱顶位置，顺时针为正，逆时针为负。比较图6.11和图6.12可知，裂隙岩体中隧道衬砌的最大法向应力值取决于不连续面的倾斜角度（倾角），倾角θ越大，最大法向应力值越大，反之越小。对于图6.8（b）的不连续面小倾角工况，渗透力对拱顶附近的衬砌应力有较为明显的影响，而对于图6.8（a）的大倾角工况，渗透力对拱顶及仰拱附近衬砌应力的影响都比较明显。

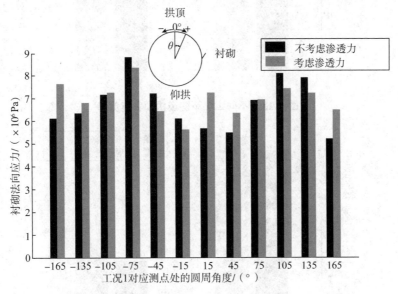

图 6.11　工况 1 中衬砌最大主应力

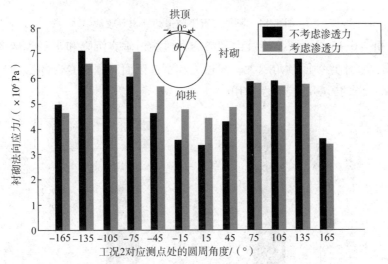

图 6.12　工况 2 中衬砌最大主应力

根据图6.13和图6.14可知，埋置在大倾角裂隙岩体中的隧道衬砌垂直沉降和水平收敛较大。如图6.14所示，不连续面的倾斜角度对水平收敛的影响更为突出。通过以上分析可以看出，不连续面倾角和渗透力对围岩和衬砌之间的相互作用，都起到了明显的影响，但不连续面倾角对围岩稳定性的影响起到了控制性的作用。

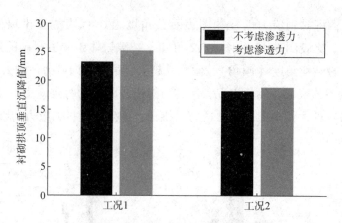

图 6.13　不同工况下隧道拱顶垂直沉降

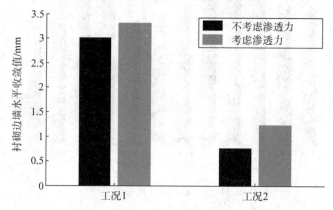

图 6.14　不同工况下隧道边墙水平收敛

　　图 6.15 和图 6.16 显示了不连续面和渗透力对隧道垂直沉降和水平收敛的影响。从这两图中可以看到，不连续面倾角越大，渗透力和不连续面对围岩变形的影响越明显，但不连续面对隧道变形的影响起控制性作用。

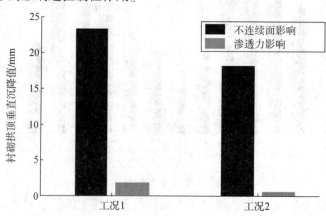

图 6.15　不连续面和渗透力对隧道垂直沉降的影响

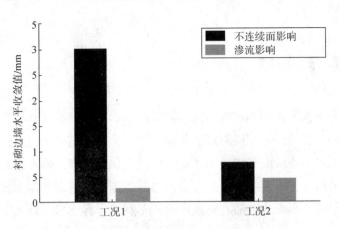

图 6.16　不连续面和渗透力对水平收敛的影响

图 6.17 和图 6.18 展示了两种工况下围岩的破坏模型，从这两图中可以看出，倾角越大，隧道围岩的破坏越严重，而渗流作用（即渗透力）的存在，加剧了围岩的破坏程度；渗流作用对围岩破坏程度的影响，随着不连续面的不利组合程度的增大而增强。

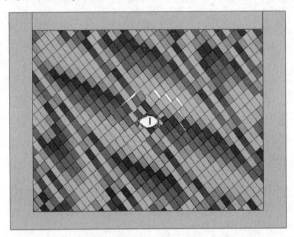

图 6.17　工况 1 的破坏模型

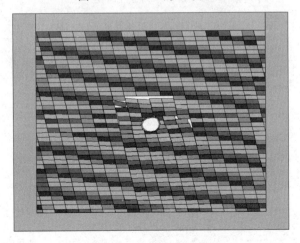

图 6.18　工况 2 的破坏模型

6.4　本章小结

　　本章提出了分析渗流作用和不连续面对隧道稳定影响的新方法，可以通过解析方法计算渗透力，然后通过加荷模拟不同节理面条件下渗透力对隧道围岩稳定性的影响。

　　本章分析表明，不连续面和渗透力严重影响隧道拱顶垂直沉降和边墙水平收敛。由于围岩块体的大变形特征，不连续面的组合形式对隧道围岩和衬砌变形起控制性作用，而渗流作用对隧道稳定性的影响也会随着不连续面的不利组合程度发生较大变化。

第七章

midas GTS 在隧道围岩力学效应与施工力学特性分析中的应用

数值计算软件 midas GTS（Geotechnical and Tunnel analysis System）是一款计算岩土和隧道的功能齐全的通用有限元分析软件，利用其中的非稳定流分析功能对隧道开挖后的水场进行系统分析，利用其中的弹塑性分析功能进行隧道开挖后的渗流耦合分析。

利用 midas GTS 的渗流分析功能计算渗透力的作用效果。孔隙水压力由渗流分析得到的总水头减去位置水头后的压力水头与水的容重相乘而得，一般来说渗透力集中在总水头大小变化较大的临近区域，该区域的约束压力、抗剪强度和抗拉强度都相对较小，裂隙岩体渗透压的有效应力作用容易造成裂隙岩体破坏。因此，裂隙岩体的稳定性分析中考虑渗透力的耦合作用非常重要。

岩体中的孔隙水压力会对总应力产生影响，根据太沙基（Terzaghi）原理，总应力（σ）可分为有效应力（σ'）和孔隙水压力（p），由于水不能受剪切应力作用，故有效剪切应力与总的剪切应力相等。

7.1 基于流-固耦合的围岩力学效应

我国岩溶隧道地区，在所有诱发和触发地质灾害的因素中，地下水无疑是最具活力和最有影响力的因素之一。当隧道通过裂隙岩体的含水区段时，改变了原有的应力场和渗流场，人为地扰动了裂隙岩体、地下水等构成的复杂地质系统。各种涌水、突水、突泥事故本质上是地质系统对开挖扰动所作出的响应或反馈，响应的方式和程度不同，灾害的类型和规模也就不同。

隧道工程中因水引起的地质灾害是由水与岩土体相互作用产生的，地层中的地下水运动主要以渗流体积力和动水压力的方式作用在围岩与支护结构上，隧道开挖后形成的二次应力场改变了原始地应力场分布及地下水渗流场分布。因而，本章深入开展流-固耦合效应研究，对分析渗流-应力耦合作用对围岩、支护结构变形的影响非常重要。

7.1.1 计算模型

运用有限元分析软件 midas GTS 进行建模，设置计算模型尺寸为 100 m×100 m，隧道开挖面为典型三心圆横断面，跨度约 13 m，高度约 9 m，如图 7.1（a）所示。为了提高分析精度，本计算模型在 40 m×40 m 的范围内进行了网格加密，如图 7.1（b）所示。

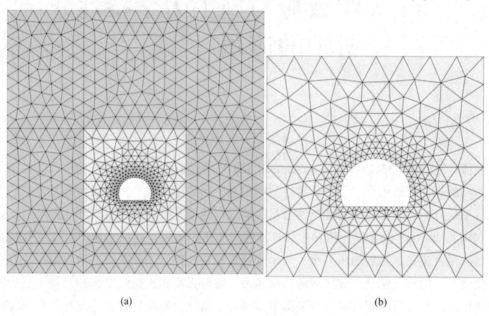

（a）   （b）

图 7.1　模型计算

（a）计算模型；（b）计算模型加密区

数值计算采用的围岩等级及其物理力学参数，如表 7.1 所示。

表 7.1　数值计算采用的围岩等级及其物理力学参数

类别	弹性模量/GPa	泊松比	干重度 /(kN·m⁻³)	c/MPa	Φ	渗透系数 /(m·d⁻¹)
Ⅱ级围岩	30	0.25	26	—	—	0.047

本构模型：考虑到Ⅱ级围岩开挖后，变形基本为弹性变形，采用线弹性分析。

边界条件：隧道计算模型采用位移边界条件，底部边界采用约束竖向位移，上部边界为自由边界，左右两端采用水平位移约束；隧道开挖前，认为隧道所处围岩为饱和地层，渗流边界条件在顶部地表为自由边界，固定孔隙水压力为 0，而左右两边以及底部边界为不透水边界，隧道开挖面为排水边界（压力水头为零），如图 7.2 所示。

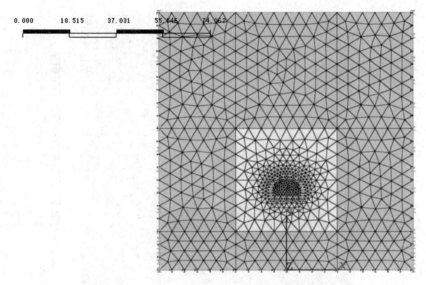

图 7.2 计算模型边界

7.1.2 孔隙水压力场分析

计算所得到的隧道开挖前初始孔隙水压力云图如图 7.3 所示，隧道开挖后孔隙水压力云图如图 7.4 所示。

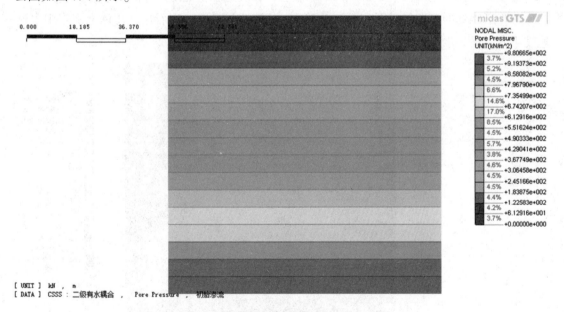

图 7.3 隧道开挖前初始孔隙水压力云图

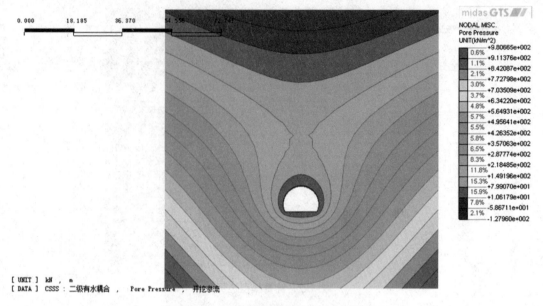

图7.4 隧道开挖后孔隙水压力云图

　　从孔隙水压力云图可以看出，在没有开挖之前，地下水保持平衡状态，以静水压力的形式存在。开挖扰动后，由于隧道临空面成为新的透水边界，地下水的状态发生较大变化，隧道周围较大范围内形成新的孔隙水压力区，隧道临空面附近孔隙水压力变小。

　　计算所得到的流速矢量图如图7.5所示。从流速矢量图可以看出，总体上围岩中水流速度不大，最大水流速度为0.259 m/d。

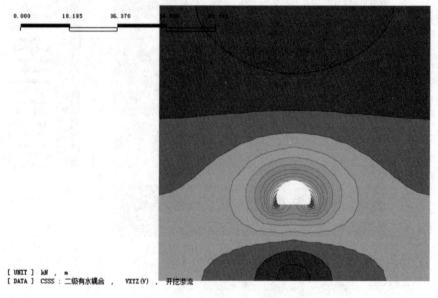

图7.5 流速矢量图

7.1.3 应力场分析

本节计算分析围岩无地下水工况及有地下水时的渗流-应力耦合工况和不耦合工况的最大、最小主应力变化特征,计算结果如图 7.6 ~ 7.11 所示。

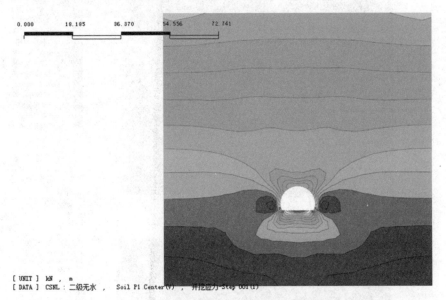

图 7.6 最大主应力云图(无水)

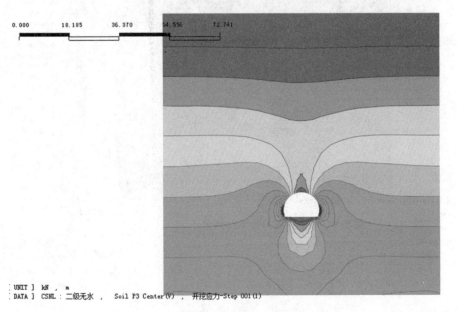

图 7.7 最小主应力云图(无水)

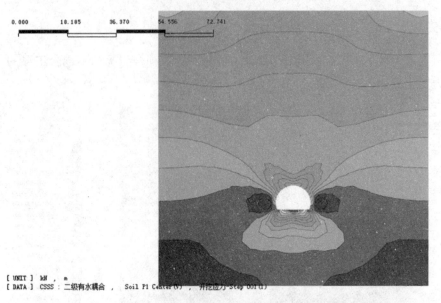

图 7.8　最大主应力云图（耦合）

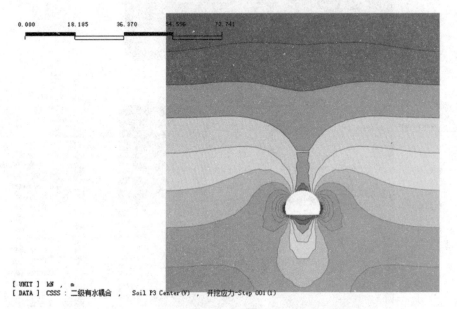

图 7.9　最小主应力云图（耦合）

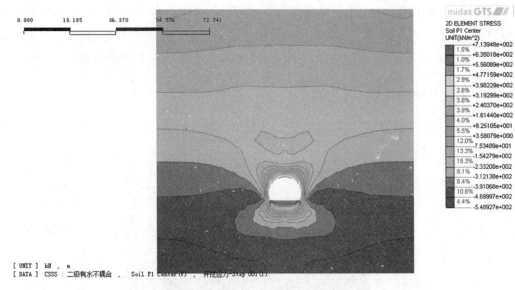

图 7.10　最大主应力云图（不耦合）

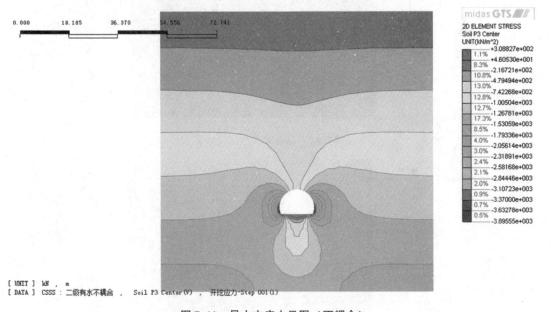

图 7.11　最小主应力云图（不耦合）

从图 7.6～7.11 中可以看出，隧道开挖后，围岩主应力方向发生了明显的偏转，构成应力重分布区域。

在无水工况下，洞室围岩临空面最大主应力为-611.95 kPa；两拱脚 2 m 深处出现压应力集中，量值在-600 kPa 左右；应力降低区主要位于拱顶以外及底板以下 10 m 范围内；两拱腰处出现压应力集中，量值达到-4 621.33 kPa。

在渗流-应力耦合工况下，隧道围岩临空面最大主应力为 555.2 kPa；拱脚处出现压应力集中，量值在-550.5 kPa 左右；应力降低区主要位于拱顶以外及底板以下 8 m 范围内；两拱腰 3 m 深处出现压应力集中，两边墙外侧应力集中，量值达到-4 038.08 kPa。

在渗流-应力不耦合工况下，隧道围岩临空面最大主应力为 713.95 kPa；拱脚处出现压应力集中，量值在-233.2 kPa 左右；应力降低区主要位于拱顶以外及底板以下 8 m 范围内；两拱腰 3 m 深处出现压应力集中，两边墙外侧应力集中，量值达到-3 895.55 kPa。

7.1.4　位移场分析

本节计算分析围岩无地下水工况及有地下水时的渗流-应力耦合工况和不耦合工况的位移变化特征，计算结果如图 7.12～7.16 所示。

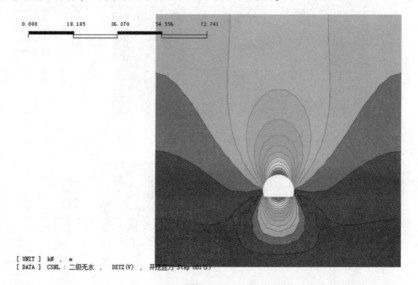

图 7.12　总位移云图（无水）

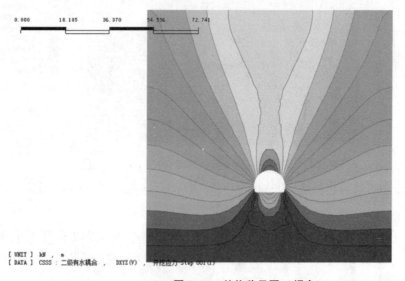

图 7.13　总位移云图（耦合）

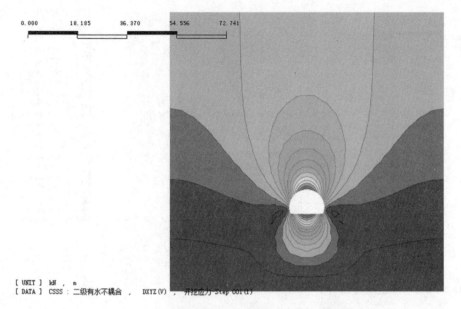

图 7.14　总位移云图（不耦合）

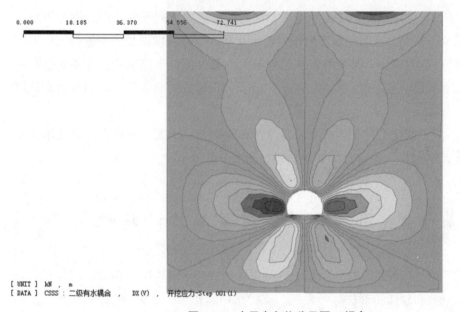

图 7.15　水平方向位移云图（耦合）

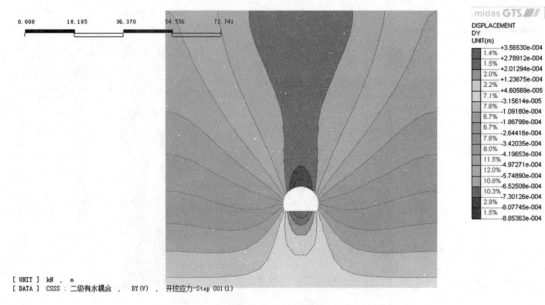

[UNIT] kN . m
[DATA] CSSS : 二级有水耦合 , DY (V) , 开挖应力-Step 001 (1)

图 7.16　竖直方向位移云图（耦合）

从图 7.12～7.16 可以看出，隧道开挖后，围岩向临空面方向发生变形，隧道拱顶及仰拱处变形影响范围较大，边墙变形影响相对较小；围岩位移以拱顶和仰供处最大，拱脚处最小。其中渗流-应力耦合工况下的位移达到最大，最大值位于拱顶处，边墙处位移较小；隧道围岩的变形以洞室为中心对称分布。拱顶及仰拱位置的垂直位移值随计算点埋深的减小而递增。

因此，渗流-应力耦合工况下隧道围岩各点位移均增大，地表表面最大沉降比不考虑渗流作用时增大近 69.7%，位移总体变化趋势与无水工况时相同。

7.2　基于流-固耦合的隧道施工力学特性

隧道开挖前，地层内各点存在初始应力，隧道开挖后，周围地层的初始应力状态受到扰动，应力开始重分布并伴随着位移的发展。支护结构施作后，支护-围岩体系共同发挥作用，应力在围岩和支护结构之间重分配，形成三次应力状态。一定时间以后，支护-围岩体系趋于稳定，应力状态达到新的平衡，形成可满足设计需求的长期稳定洞室。

隧道支护-围岩体系的再平衡是一个动态演化的过程，是在隧道掘进过程中，围岩在空间上由近及远地逐渐加入结构体系的平衡过程，不同支护结构则按照时间顺序先后发挥作用，直至最终平衡。

本节为了分析渗流场对隧道施工的力学效应，运用有限元数值模拟软件 midas GTS 对开挖前和开挖后隧道围岩孔隙水压力场、应力场及位移场等参数进行分析，研究流-固耦合情况下隧道施工变形与应力特性。

7.2.1 计算模型及参数

计算模型尺寸为100 m×100 m，隧道开挖面为典型三心圆横断面，跨度约13 m，高度约9 m，如图7.17（a）所示。为了提高分析精度，本计算模型在40 m×40 m的范围内进行了网格加密，洞室周边围岩注浆圈厚4 m，如图7.17（b）所示。

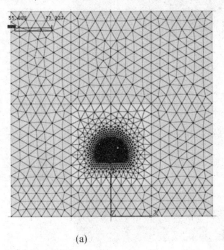
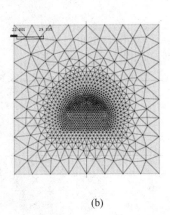

(a)   (b)

图7.17　模型计算

（a）计算模型；（b）计算模型加密区

数值计算采用的围岩等级及其物理力学参数，如表7.2所示。

表7.2　数值计算采用的围岩等级及其物理力学参数

类别	弹性模量/GPa	泊松比	干重度/(kN·m⁻³)	c/MPa	Φ	渗透系数/(m·d⁻¹)	面积/m²
V级围岩	1.5	0.4	19	0.15	25°	1	—
注浆圈	3	0.35	21	0.5	35°	0.1	—
C25 混凝土	26.11	0.2	23	—	—	不透水	0.26
ϕ25 锚杆	210	0.3	78.5	—	—	不透水	0.000 5

边界条件：隧道计算模型采用位移边界条件，底部边界采用约束竖向位移，上部边界为自由边界，左右边界采用水平位移约束。隧道开挖前，认为隧道所处围岩为饱和地层，渗流边界条件在顶部地表为自由边界，固定孔隙水压力为0，而左右边界及底部边界为不透水边界，隧道开挖面为排水边界。

锚杆布置方式：锚杆长度3 m，间距1 m。

本构模型：考虑到围岩开挖后，将产生较大的塑性变形，故采用基于M-C准则的弹塑性分析。

计算工况：为减少计算量，在围岩注浆加固的条件下二车道公路隧道仅考虑了上、下台阶开挖法两种情况，后续的研究中可以进一步考虑其他断面类型和不同开挖方法的组合情况。

7.2.2　孔隙水压力场分析

计算得到隧道开挖前初始孔隙水压力云图如图7.18所示,隧道上台阶开挖后孔隙水压力云图如图7.19所示,隧道下台阶开挖后的孔隙水压力云图如图7.20所示。

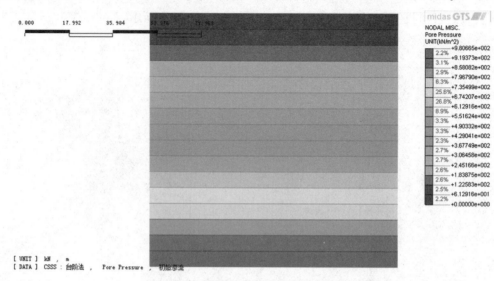

图 7.18　隧道开挖前初始孔隙水压力云图

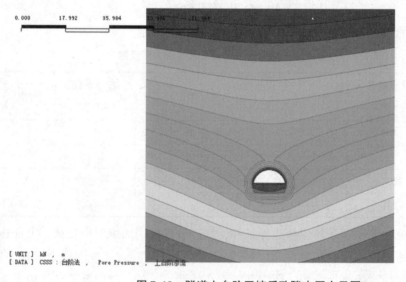

图 7.19　隧道上台阶开挖后孔隙水压力云图

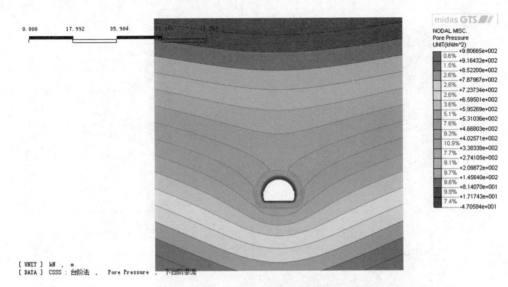

图7.20　隧道下台阶开挖后孔隙水压力云图

　　从孔隙水压力云图可以看出，隧道开挖前，地下水保持平衡状态，以静水压力的形式存在。上台阶开挖后，由于隧道洞周围产生新的透水边界，地下水的状态发生较大的变化，在洞室周围较大的范围内形成新的孔隙水压力区，洞周孔隙水压力变小，最小值为 $-44.76 \ kN/m^2$；下台阶开挖后，洞周孔隙水压力进一步变小，最小值为 $-47.06 \ kN/m^2$。

　　计算得到的流速矢量图如图7.21、7.22所示。从图中可以看出，上台阶开挖后围岩中水流速度较大，最大达到 3.792 m/d；下台阶开挖后围岩中水流速度较上台阶开挖时有所减小，最大流速为 2.045 m/d。

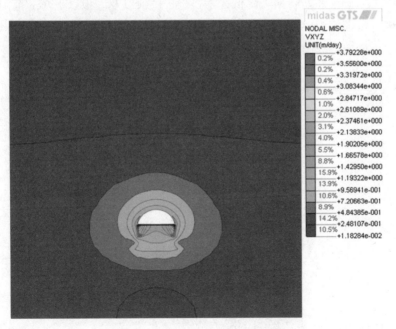

图7.21　上台阶开挖后流速矢量图

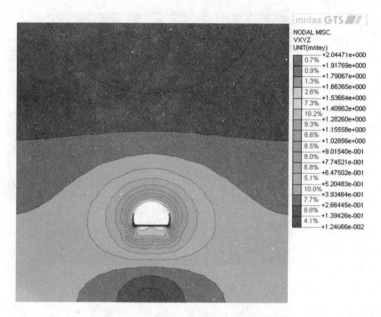

图 7.22　下台阶开挖后流速矢量图

7.2.3　应力场分析

计算得到的隧道上台阶开挖后围岩最大、最小主应力云图分别如图 7.23、7.24 所示。从图中可以看出，上台阶开挖后，围岩主应力方向发生了明显的偏转，形成应力场的二次分布区域。在洞室围岩表层，最大主应力-1 038.63 kPa；在拱脚 3 m 范围内出现压应力集中，量值在-1 038 kPa 左右；应力降低区主要位于拱顶以及底板以下 9 m 范围内，围岩的表层为拉力区，最大值为 39.07 kPa。最小主应力在拱脚及拱腰 5 m 范围内出现压应力集中，在两边墙外侧应力集中达到-3 506.21 kPa。

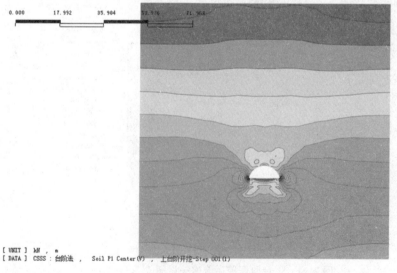

图 7.23　上台阶开挖后围岩最大主应力云图

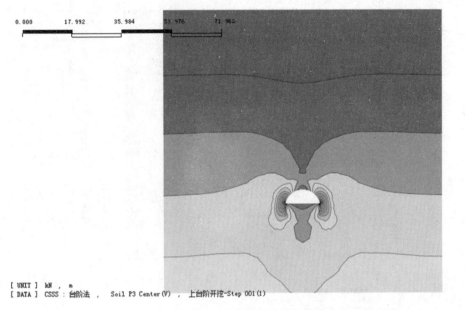

图7.24 上台阶开挖后围岩最小主应力云图

计算得到的隧道下台阶开挖后围岩最大、最小主应力云图分别如图7.25、7.26所示。从图中可以看出，下台阶开挖后，围岩主应力方向发生了明显的偏转，形成应力场的二次分布区域，在洞室围岩表层，最大主应力-1 337.42 kPa；在拱腰2 m范围内出现压应力集中，量值在-1 337 kPa左右；应力降低区主要位于拱顶以及底板以下10 m范围内，围岩的表层为拉力区，最大值为94.76 kPa。最小主应力在拱脚及拱腰处出现压应力集中，在两边墙外侧应力集中达到-4 305.06 kPa。

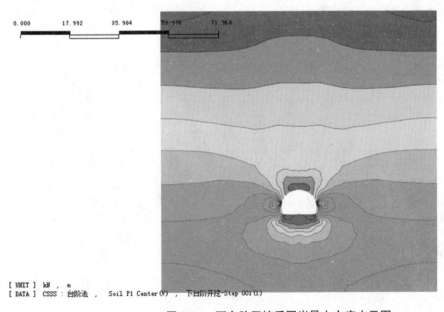

图7.25 下台阶开挖后围岩最大主应力云图

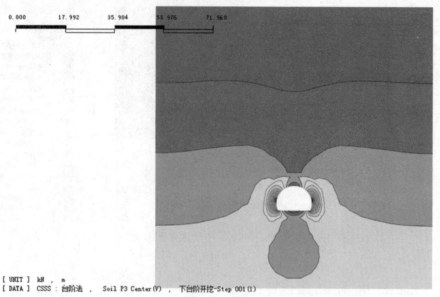

[UNIT] kN , m
[DATA] CSSS：台阶法 , Soil P3 Center(V) , 下台阶开挖-Step 001(1)

图7.26 下台阶开挖后围岩最小主应力云图

7.2.4 初期支护分析

1）锚杆轴力

在软岩隧道中，锚杆支护是控制围岩变形、充分发挥和利用围岩自承能力、保证隧道围岩稳定的重要支护措施之一。图7.27为上台阶开挖后的锚杆轴力图，锚杆的最大拉力出现在拱腰和拱顶位置（靠近隧道轮廓面一侧），达10.49 kN；图7.28为下台阶开挖后的锚杆轴力图，锚杆的最大拉力出现在左右拱腰位置（靠近隧道轮廓面一侧），最大拉力为26.7 kN。

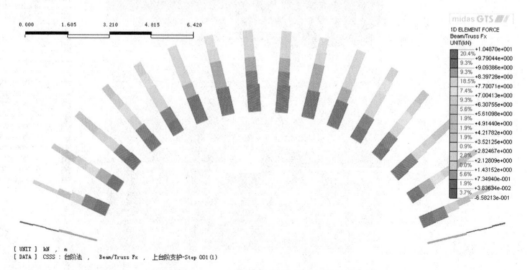

[UNIT] kN , m
[DATA] CSSS：台阶法 , Beam/Truss Fx , 上台阶支护-Step 001(1)

图7.27 上台阶开挖后的锚杆轴力图

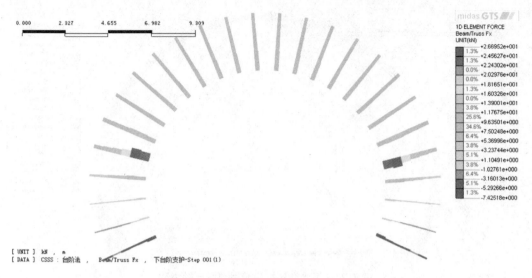

图 7.28　下台阶开挖后的锚杆轴力图

2）喷射混凝土轴力与弯矩

从力学意义上讲，喷射混凝土既能传递径向应力也能传递切向应力，其与岩层的附着力可以把作用在该喷层上的外力分散到围岩上，同时也确保了隧道周边裂隙围岩保持块体平衡，并在隧道壁面附近形成一承载环。从图 7.29 可以看出，上台阶开挖后，拱圈各处都为压力，拱顶产生最大值，为-489.134 kN；从图 7.30 可以看出，下台阶开挖后，仰拱处为拉力，最大值为 480.607 kN，拱肩、拱腰、边墙处为压力，最大值在边墙处，为-908.211 kN。从图 7.31 可以看出，上台阶开挖后，上台阶拱圈拱脚处产生最大正弯矩，为 11.934 kN·m；从图 7.32 可以看出，下台阶开挖后，上台阶拱圈拱脚处弯矩进一步增大为 49.087 kN·m，而下台阶拱脚处产生最大负弯矩，为-72.34 kN·m。

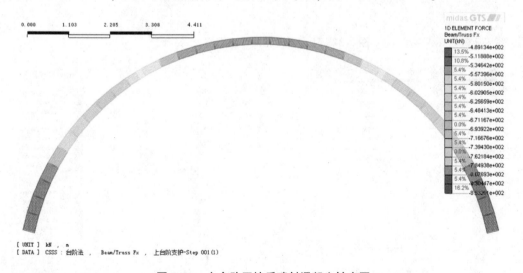

图 7.29　上台阶开挖后喷射混凝土轴力图

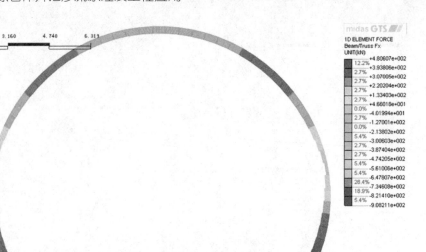

图 7.30　下台阶开挖后喷射混凝土轴力图

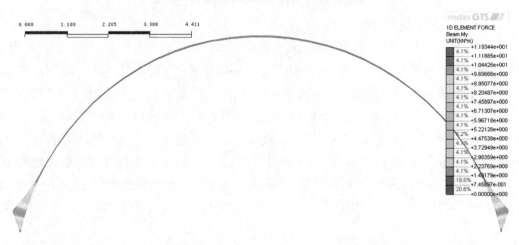

图 7.31　上台阶开挖后喷射混凝土弯矩图

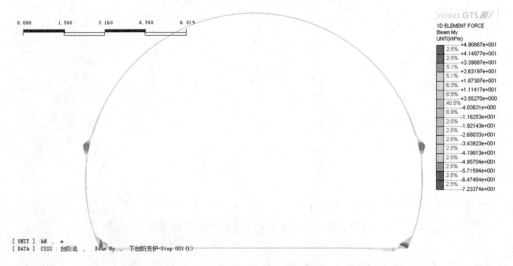

图 7.32　下台阶开挖后喷射混凝土弯矩图

7.2.5　位移场分析

隧道采用上、下台阶开挖后，总位移、水平方向位移和竖直方向位移云图分别如图7.33～7.38所示。从图中可以看出，隧道分台阶开挖后，围岩向隧道临空面发生回弹变形，拱顶和仰拱处影响范围较大，边墙处影响范围相对较小；隧道开挖面围岩位移以拱顶和仰拱处为最大，向边墙脚处逐步减小。上台阶开挖后拱顶位移最大值为 4.986 mm，主要由竖直方向的位移构成，边墙处位移较小。下台阶开挖后拱顶位移进一步增大为 6.945 mm，增加了 39.3%，同时仰拱处位移达到 4.464 mm。隧道围岩变形表现出以洞室中心对称分布的特征。拱顶及仰拱位置的垂直位移值随计算点至隧道临空面距离的减小而递增。

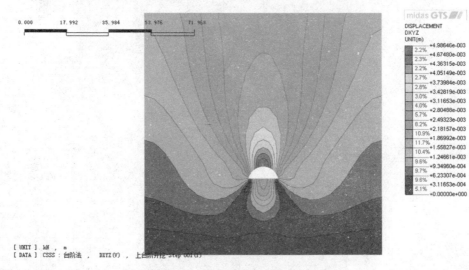

图 7.33　上台阶开挖后总位移云图

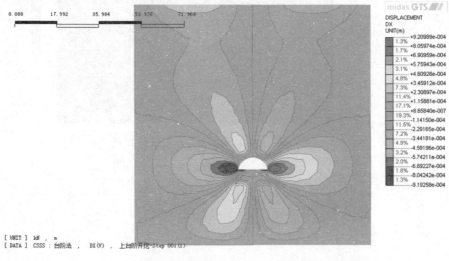

图 7.34　上台阶开挖后水平方向位移云图

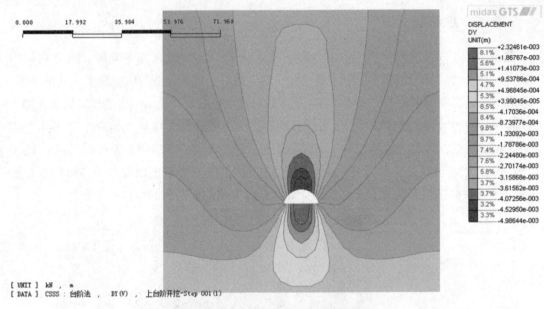

[UNIT] kN , m
[DATA] CSSS：台阶法 , DY(V) , 上台阶开挖-Step 001(1)

图 7.35　上台阶开挖后竖直方向位移云图

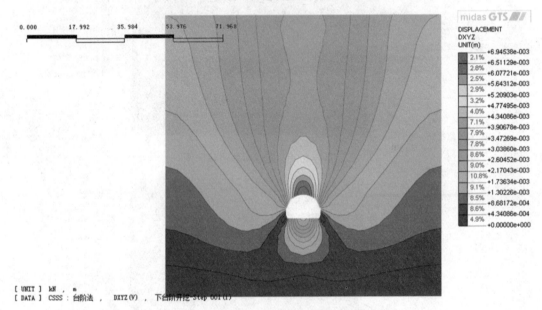

[UNIT] kN , m
[DATA] CSSS：台阶法 , DXYZ(V) , 下台阶开挖-Step 001(1)

图 7.36　下台阶开挖后总位移云图

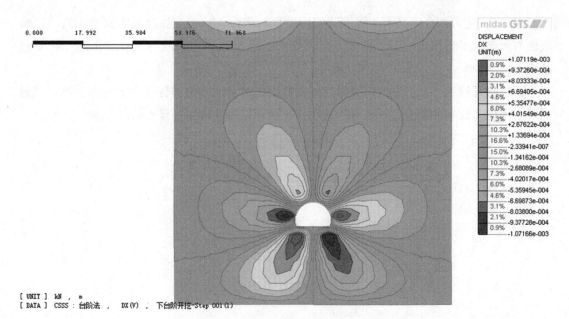

图7.37 下台阶开挖后水平方向位移云图

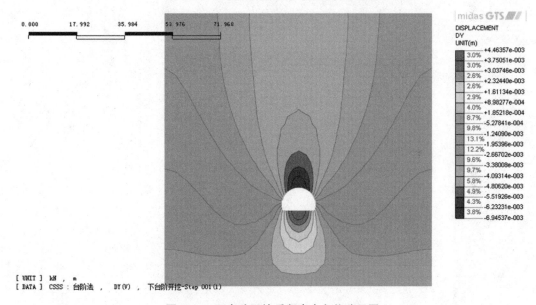

图7.38 下台阶开挖后竖直方向位移云图

7.3 本章小结

本章通过使用有限元软件 midas GTS 进行建模分析，得出的结论为：隧道开挖后孔隙水压力场变化十分明显，围绕隧道临空面形成漏斗状的孔隙水压力区域，初期支护附近的孔隙水压力等值面密集，水力坡降大，围岩主应力方向均发生了明显的偏转。

在渗流–应力耦合工况下，隧道开挖后拱顶沉降值、地表沉降值及渗流对围岩的影响范围与无渗流工况相比均要大得多；仰拱处底板隆起和周边收敛与无渗流工况相比略有减小。

下台阶开挖后，上、下台阶交界处的锚杆受力比其他部位锚杆受力大得多，拱顶喷射混凝土的拉力较采取全断面开挖有所减小，拱腰和拱脚处喷射混凝土的压力减小。

第八章
富水区隧道围岩处治技术及应用

岩溶围岩在既有隧道修建过程中受到开挖扰动，并进行加固处理，而毗邻新建隧道施工过程中，围岩再次受到扰动和影响，自稳能力进一步恶化，需对其进行二次加固。由于加固措施需考虑既有隧道的稳定及正常运营，因此必须对加固措施和处治技术进行优化。本章在现有围岩处治技术的基础上，并结合现场实际工况需要，提出针对二次扰动围岩的再加固处治技术。

8.1 隧道防排水原则及措施

围岩裂隙的发育程度直接影响地下水在岩层中的运移过程，其运移形式直接威胁地下构筑物的安全。因此，必须对围岩裂隙的发育和地下水的渗流特征进行分析，并采取针对性的治理措施，确保地下结构安全。

8.1.1 隧道防排水设计原则

由于复杂的地质状况，对于地下水的治理要以"防、排、截、堵结合，因地制宜，综合治理"为指导方针，以限量排放的原则为主要措施；专家经过大量实际地质考察和理论论证后得出涌水治理的设计原则，并总结如下。

（1）针对地下水的治理应遵循"以防为主，刚柔结合，多道设防，因地制宜，综合治理"的原则。

（2）钢筋混凝土结构应该具有自我防水的能力，因此应当采用有效的技术措施，使防水混凝土的抗渗性和耐久性达到规范要求，使变形缝和施工缝的防水效果得到加强。

（3）对于那些已经发生涌水或者通过超前地质预报预测可能会发生突水（涌水中的一种）现象的地段，可以采用超前注浆的方式，堵住地下水渗流路径，以预防涌水事故。

（4）施工现场中所使用的防水板材的性能应具有较好的防水性和超强的耐久性。不能在施工现场使用那些防水质量很差的防水材料，以免影响施工质量，从而避免灾害的产生。

8.1.2 防水卷材防水

1）敷设防水卷材的基面要求

敷设防水卷材的基面要求有以下两点。

①敷设防水卷材的基面应平整。敷设防水卷材前，采用水泥砂浆抹面的方法进行基层处理；基面上不得有尖锐的毛刺部位，防止在浇筑混凝土的时候破坏防水卷材。

②基面不得有铁管、钢管、铁丝等突出物存在，否则需要从根部割除，同时用水泥砂浆覆盖住割除部位。分段敷设防水卷材时，基面不可以有明水，否则需要用堵漏的方法将水堵住后才能进行下道程序的施工。

2）防水卷材的敷设

防水卷材的敷设要注意以下 4 点。

①防水卷材应敷设平整，用专用固定钉进行固定，防止浇筑混凝土时防水板脱落。

②防水卷材边缘部分加工成容易相互搭接密合的搭接边，防水卷材和连接胶带自身用塑料纸隔开，塑料纸应该在放置钢筋架和浇筑混凝土前撤走。

③防水卷材在转角处，须用专用胶带连接密封。

④防水卷材施作好后，在绑扎钢筋前，在仰拱处浇筑 5 cm 厚细石混凝土保护层，边墙设置临时性移动保护板，以免焊接钢筋时防水卷材受损。

8.1.3 防水板防水

防排水本身并不是目的，而是保障公路隧道运营安全和使用寿命的技术环节。因此，单纯地为了防排水而设计防排水是不能解决问题的，应从设计理念、施工工艺、开发应用新材料等几方面综合考虑，才是解决问题的正确思路。隧道防排水技术主要有 3 种类型：一是从围岩、结构和附加防水层入手，体现以防为主的水密型防排水（又称全封闭式防排水）；二是从疏水、泄水着手，体现以排为主的泄水型或引流自排型防排水（又称半封闭式防排水）；三是防排结合的控制型防排水。

全封闭式防排水适用于对保护地下水环境，限制地层沉降要求高的工程，可以为隧道结构的耐久性提供极为重要的环境条件，也为隧道安全运营提供了极为重要的环境条件。但是这种方式的直接造价较高，并且在很多条件下技术上是不可行的。半封闭式防排水适用于对保护地下水环境、限制地层沉降没有严格要求的工程，结合其他必要的辅助措施和设备，也可以为隧道结构的耐久性以及安全运营提供良好环境条件。这种方式的直接造价相对不高，但运营维护成本相对较高。控制型防排水是近年来为降低全封闭式防水的成本，又要满足地下水环境保护、限制地层沉降的要求而出现的一种新型隧道防排水措施。它可在半封闭式防排水的基础上，根据对水位和地层变形的监测数据，及时地自动或半自动地调整排水量，达到既降低了一次性造价，又可以维持地下水平衡的目的。

设置防水板（防排水板）的复合式衬砌防排水系统主要分为全封闭式防排水与半封闭

式防排水系统两种，如图8.1和图8.2所示。全封闭式防排水系统在隧道初期支护与二次衬砌之间设盲沟、反滤层（无纺布）、防水板；半封闭式防排水系统只在边墙与拱顶的初期支护与二次衬砌之间设盲沟、反滤层、防水板，在仰拱处不设盲沟、反滤层、防水板。两种防排水系统都是通过在二衬边墙底部设置有排水孔（纵向间距一般为5~10 m），将围岩渗水经盲沟、反滤层直接排入隧道中心排水沟。

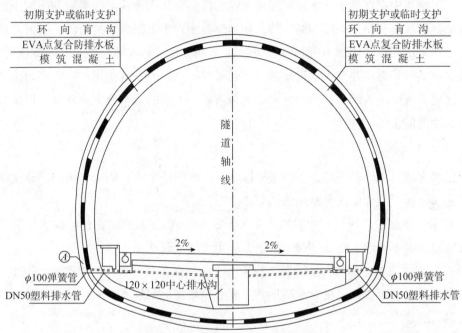

图8.1 全封闭式防排水系统示意

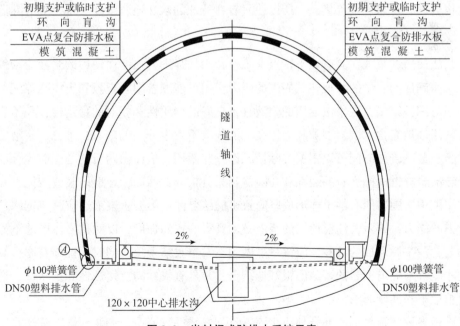

图8.2 半封闭式防排水系统示意

8.1.4　围岩注浆堵水

1. 注浆法原理

岩体中注射浆液的加固原理：在隧道周围的岩体中注浆时是在不改变地层各项组成的情况下，把地层中存在的水从土层的颗粒间强行挤出，从而使注射的浆液和围岩土体中的颗粒相结合形成具有坚实强度的结合体，达到改善围岩中土层强度的目的，这种方法称为注浆法。注浆法使隧道周围土层颗粒之间的黏聚力增大，土体颗粒之间的内摩擦力增大，围岩地层密实度和黏结强度大幅度增加，起到了加固地层的良好作用；当隧道周围的土体颗粒中充满了人工灌入的不易流动且固结的浆液后，土层的透水性大大降低，形成具有隔水或阻水性能的土体。

2. 注浆法的分类

根据水文地质条件的不同，注浆法可以分为：水泥注浆法、黏土注浆法、硅化法和树脂注浆法。下面重点介绍两种常用的注浆法。

（1）水泥注浆法。当岩石的裂隙开度大于 0.1 mm，围岩裂隙在任何静水压力下地下水的渗透速度都不大于 600 m/d 时，最适合应用水泥注浆法。

（2）树脂注浆法。脲醛树脂的黏度接近于水的黏度，具有很高的渗透能力，使用它可以固结渗透速度小于 2 m/d 的含水砂层。用脲醛树脂加固的岩石在 pH= 3 ~ 6 的酸性介质中具有很高的稳定性。

但是，当前应用最成熟的方式是水泥注浆法。水泥注浆法拥有施工工艺简洁、使用方便、价格合理、可靠性高等优点。所以，只有在特殊的水文地质条件下才会使用树脂法。

3. 浆液

注浆法使用的浆液应具有以下特点：第一，为加强围岩强度而使用的浆液流动性相对较好，从而确保围岩中的浆液在其周围的压力作用下能顺着围岩裂隙和土体孔隙流散到设计的加固范围；第二，注浆法使用的浆液具备良好的均质性和相对的稳定性，在给岩体注浆的时候保证填充含水围岩裂隙和土体孔隙的浆液不发生分层的现象；第三，浆液的初次凝结时间和最终凝结时间可以根据实际情况作一些微调，这样做的目的是能够确保注射的浆液能够沿着隧道周围岩石的裂隙和孔隙得到充分扩散；第四，注射的浆液应能够在隧道围岩的裂隙中与围岩原有的土体形成坚固致密的结合体；第五，浆液还应具有把水从裂隙中挤出去的能力；第六，注射使用的浆液必须具有一定的强度，以对抗岩体中地下静水压力；第七，注浆后形成的结石体应该尽量做到不发生收缩现象，同时保证结石率很高，只有这样才能够与隧道围岩的裂隙面很好地结合，并具有较好的抗侵蚀性和抗水性，避免加固围岩被地下水冲刷腐蚀。

浆液是多种建筑材料的混合体，但是为了改变浆液的速凝时间、提升浆液的抗渗性能，可以在其中添加合适的外加剂。

1）水泥

低标号的水泥适用于大裂隙围岩，中等标号的水泥适用于中等发育的裂隙。当向微小裂隙的岩体注浆时，应当使用高标号水泥。此外，向裂隙含水量很大的岩层注浆时，因为裂隙中拥有大量的地下水，一般的浆液不能有效地填充裂隙，这时需要使用速凝水泥进行堵水。

2）水

配制浆液时，所使用的水资源中不能包含影响其正常凝结硬化的有害杂质，应当采用洁净的淡水，其 pH<4。

3）外加剂

①速凝剂。通过在配制浆液的过程中添加速凝剂，如 NaCl、碳酸钠等，在一定的温度条件下，速凝剂的添加会使得浆液的凝结硬化速度加快很多，速凝剂的添加量一般情况下占水泥总质量的 3%。

②活性剂。活性剂的添加可以增强浆液的流动性。表面活性剂的添加量应当通过实验确定，表面活性剂会产生泡沫，为了使浆液不会起泡，应当在浆液中加入消泡剂，添加量占水总体积的 3%。

③塑化剂。塑化剂可以使浆液的渗透能力得到很大的提高，通过研究表明，塑化剂的添加量应当占水泥总质量的 0.1% ~ 0.2%，通过塑化剂的添加，可以在很大程度上提升浆液在围岩裂隙中的扩散性，并且浆液渗透能力也得到了很大的提高。

8.2　岩溶地区围岩常见病害及特征

8.2.1　岩溶对隧道的影响

岩溶与工程建设的关系十分紧密，水利水电建设中的库坝区岩溶渗漏问题，影响水库的效益和正常使用。岩溶区采矿和隧道、地下洞室开挖的突水、突泥问题，给安全施工带来严峻挑战，甚至淹没巷道，造成经济损失和人员伤亡等事故。总的来说，岩溶对隧道影响大致可以分为以下几点。

①岩溶对隧道基底的影响。当开挖断面下方或附近有较大洞穴、暗河存在时，可能引起陷落或使基底悬空；当洞底为松散堆积物时，则基底易发生突鼓现象；当基底为崩积物时，则应考虑其承载能力及处治方法。

②岩溶对隧道洞顶、洞壁的影响。由于裂隙的切割、节理的发育、地下水的活动，洞顶或洞壁上的块石极易松动掉落、渗水、突水，甚至引起塌方；若隧道顶部溶隙与地面漏斗、落水洞相连通，贯通坍塌可上延至地面；若溶洞内富含充填物或沉积物，则会引起突泥、涌砂等事故。

③溶洞水大量涌出。当洞室在地下水循环带开挖时，如揭穿积水大溶洞或暗河通道，就会发生集中突水，并伴随涌泥、涌砂现象，进而淹没隧道及施工机械设备，严重时会造成人员伤亡，延误工期。

④岩溶对隧道周围生态环境的影响。隧道内发生大量涌水、涌砂、涌泥会造成地表水源流失和地表陷落，使当地生态环境遭到严重破坏。

⑤岩溶对隧道结构的影响。当隧道附近有暗河时，隧道结构会被水蚀，从而缩短结构寿命，增加维护成本。

8.2.2　岩溶发育规律及特点

岩溶（又称喀斯特）是指可溶性岩石（包括碳酸盐类岩石、硫酸盐类岩石和卤盐类岩石）由于地表水、地下水的溶解侵蚀和微生物作用而不断被破坏和改造的一种地质作用或地质现象。这种作用叫作岩溶作用，这种现象叫作岩溶现象。常见的岩溶形态有溶痕、溶沟、溶槽、石芽、漏斗、落水洞、溶蚀洼地、峰林、干谷、溶洞及暗河。

岩溶的发育主要是水对可溶性岩体化学溶蚀的结果。Sokolove（1962）提出岩溶发育的基本条件有四个：可溶性岩石、岩石的裂隙性、水的溶解能力、岩溶水的运动与循环。水在岩石中不断运动、循环交替的条件是岩溶发育的基本条件，可溶性岩石与溶解水是岩溶发育的物质基础，岩溶水的溶蚀力是岩溶发育的必要条件，而水在岩体中循环交替的条件则是控制岩溶发育程度的根本条件。

岩溶发育规律主要有以下几点。

①岩溶发育随深度而减小。鉴于岩石的裂隙与透水性随深度而减小，水循环交替的强度与水的侵蚀强度也随之减弱，一般情况下，岩溶发育愈往深处愈弱。因此，岩溶发育呈现垂直分带现象。

②岩溶发育的不均匀性。所谓不均匀性，系指岩溶发育的速度、程度及空间分布的不一致性。这主要是由于控制岩溶发育的岩性、地质构造和岩溶水循环交替等的不均匀。

③岩溶的成层性。因地壳运动在上升—稳定—再上升交替变化，这促使河流相应地下蚀—旁蚀—再下蚀和岩溶水的垂直—水平—再垂直变化，从而形成多层溶洞，并与河流阶地年代有着对应关系，因此岩溶的成层性可用以确定岩溶形成年代。

④岩溶发育的阶段性与地带性。岩溶发育有其产生、发展、消亡 3 个阶段。一般要经历幼、青、中、老年期，完成一个岩溶的旋回，而岩溶发育往往又是多旋回的，因而产生了不同发育时期的岩溶叠置与叠加现象。在不同气候带内，岩溶发育都具有自己的形态与特征，从而产生了岩溶发育的地带性。

8.3 岩溶围岩及溶腔处治方法分类及优点

8.3.1 处治原则及方法

岩溶地区隧道病害防治，应遵循"预防为主，防治结合"的基本原则，明确病害特征及成因机理，科学地预测和评价岩溶特征对隧道建设的影响和作用，作为隧道病害防治对策的技术依据。对病害处治应遵循"科学性、针对性和适时性"原则，充分考虑地形、地质、水文等环境条件。开挖隧道遇到岩溶洞穴时常用的处治方法有"引、堵、越、绕"四种。

①引。遇到洞穴有水流或暗河时，宜排不宜堵。在查明水流方向及隧道与其位置关系后，用导流洞、暗管、涵洞等设施将水排出隧道。若水位高于隧道顶部，应当开凿引水斜洞，将水位降低至隧底高程以下，再作引排。

②堵。对于跨径较小且不影响结构物稳定，但影响通行的无水溶洞，可根据其与隧道位置关系和充填情况，采用土（石）渣、浆砌片石或混凝土充填封闭。当隧道顶部有空溶洞时，可用管棚法、钢支撑或钢格栅结合锚杆或锚喷网加固处理，必要时应加设隧道护拱及拱顶回填处理。

③越。当隧道下部出现溶洞情况时，采用加强、加深侧边墙，浇筑梁板，架桥等方式跨越溶洞。

④绕。岩溶区隧道施工中，若个别溶洞规模较大，处治耗时且不经济，在条件允许的情况下应采取迂回导坑绕过溶洞的方法，隧道前方继续施工，同时处理溶洞，这样节省了时间，加快了工程进度。

8.3.2 处治的主要内容

1）保证溶洞洞壁的稳定和衬砌的安全

隧道内溶洞处理首要问题是保证溶洞洞壁的稳定，从而保证支护结构的安全，保证在施工和运营期间不会因为溶洞的坍塌而危及隧道的安全。国内外在岩溶地区修筑隧道时由于洞壁的处治不当而造成洞穴失稳的例子并不鲜见。

2）妥善处理岩溶水

隧道的修筑切断了原有的过水通道，改变了原来的地下径流。如果对这部分岩溶水处理不当，在隧道修筑过程中可能由于涌水恶化施工条件，危及施工人员和机械的安全，破坏初期衬砌，造成工期滞后等；在运营期间出现衬砌漏水，有的甚至因为岩溶水的大量排放而造成隧道所在区域水井干涸、植被枯萎，严重影响了当地的生态环境和老百姓的生活。因此岩溶水的处理适当与否直接影响到隧道的运营安全与场区的生态环境。

3）岩溶塌陷物的处理

隧道在开挖过程中，有时会穿越岩溶塌陷物地段，塌陷物常为碎石土夹软塑、流塑状黏性土，这种堆积物常呈松散状，易塌陷，自稳性极差。这一方面增加了隧道的开挖支护难度，另一方面由于隧底松散塌陷物的存在会造成日后隧道衬砌整体下沉，给隧道的运营安全带来隐患。

8.3.3　小型溶洞的处治技术

在岩溶地区隧道施工中，小型溶洞（岩溶洞穴）出现的数量最多。对于小型溶洞的处治，应综合考虑溶洞的充填特征、所处位置及方便现场施工等因素，制定相应的处治方案。

1. 无充填或半充填型溶洞

对于无充填或半充填型溶洞穴，首先应清除溶洞表面浮土或洞穴内的充填物，然后对溶洞采取回填方式处理。

1）拱腰以上的小型溶洞

拱腰以上的小型溶洞在隧道开挖过程中最为常见，常发育于隧道的拱腰以上，发育深度一般小于 2 m，洞内一般无水或水量很小。由于溶洞较小，对隧道的稳定性影响不大。对于这类溶洞，原则上采用回填方式处理。

这种类型的溶洞，一般可用 C25 混凝土回填或在初期支护完成后采用水泥砂浆回填密实。同时，在施作初期支护时可预留注浆管，待初期支护施作完成后再按设计要求进行回填或注浆处理。

2）边墙处的小型溶洞

隧道边墙处发育的溶洞，一般对隧道整体稳定影响较小，可根据溶洞的大小，采用回填方式处理。

这类溶洞一般采用 M7.5 号浆砌片石回填即可，对于深度不大于 2 m 的溶洞，可回填至满；对于发育较深的溶洞，回填厚度应不小于 2 m。为了便于排出溶洞内可能出现的地下水，可通过透水管与隧道侧水沟相连，透水管的直径可根据预测的水量确定，该处的喷射混凝土与钢筋网可考虑取消。

3）拱底的小型溶洞

对于发育于拱底的小型溶洞，从施工角度讲，处理起来相对容易。对于这类溶洞，原则上可全部回填（见图8.3）。对于存在软弱充填物的，必须将其全部清除，以防隧道衬砌发生整体下沉。对于发育长度大于隧道宽度且有可能出现水流的情况，可在基底设置透水管，管径可根据预测的水量确定。

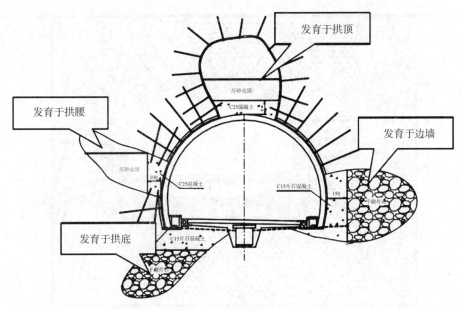

图 8.3　小型溶洞处治示意

2. 充填型溶洞

对于充填型小溶洞，应根据溶洞的所处位置及方便现场施工，采取相应的回填或加强防护措施。

（1）当溶洞位于隧道拱部和边墙位置时，若施工过程中溶洞内充填物已发生滑落，应在溶洞内充填物清除后，采用喷射 C25 混凝土或水泥砂浆回填；若施工过程中溶洞充填物未发生滑落，应在溶洞位置采取锚网喷防护。

（2）当溶洞位于隧道基底位置时，应在清除溶洞内的充填物后，采用混凝土回填密实的处治方案。

3. 隐伏型溶洞

对于隐伏型溶洞，隧道施工过程中应采用综合地质超前预报技术对隧道周边，特别是基底进行隐伏岩溶普查，当普查揭示出隧道开挖轮廓线外附近存在隐伏溶洞时，应采取局部注浆措施，对隐伏溶洞进行注浆回填或注浆固结。

8.3.4　大型干溶洞的处治技术

对于洞体深处充填丰满、难于回填或不宜填塞的大型干溶洞，应因地制宜进行处理。原则上，拱部及边墙主要采取回填措施，基底处治应根据其不同的发育特点采取有针对性的处治方案。

1. 型钢混凝土加板跨处治方案

当隧道基底处的溶洞深度很深，同时溶洞纵向跨度不大（一般小于 3 m）时，采用隧道弃渣回填量大，并有可能影响地下水通道，此时宜采用型钢混凝土加板跨处治方案（见图 8.4）。

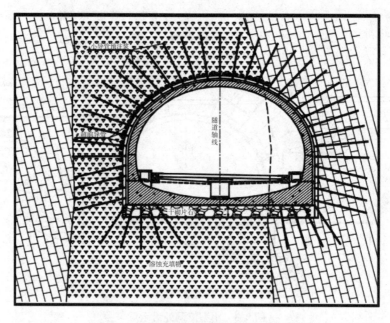

图 8.4　型钢混凝土加板跨处治方案示意

2. 初支、二衬加强结构处治方案

溶洞发育及影响段初期支护和二次衬砌采取加强结构处治方案。初期支护施作时一般可采用增加配筋率、缩短钢拱架距离的方法；二次衬砌施作时则要增加钢筋网，必要时可采用增加钢拱架的方法。

3. 钢管群桩加固处治方案

当隧道基底处的溶洞深度较深时（5~20 m），宜采用钢管群桩加固处治方案。

（1）隧道基底弃渣回填，同时对弃渣采取钢管群桩加固的方式。钢管桩直径一般为75 mm。注浆钢管桩采用梅花型布设，间距为（0.6~1 m）×（0.6~1 m），注浆钢管进入基底基岩深度不得小于 0.6 m。浆液采用普通水泥浆，水灰比为（0.6∶1）~（0.8∶1），注浆终压为 1.5~2 MPa。

（2）隧道底部采用钢筋混凝土底板，厚度宜为 0.8~1.5 m。

4. 桩基加承台处治方案

当隧道基底处的溶洞纵向发育范围较大，基底深度较深时（20~30 m），宜采用桩基加承台处治方案（见图8.5）。在制定处治方案时，首先要对溶洞的地质情况作详细的调查，先对溶洞作一定的防护处理后，再采用桩基加承台处治方案。设计时，要计算桩的承载力，通过计算，确定桩基布设方案和承台厚度。

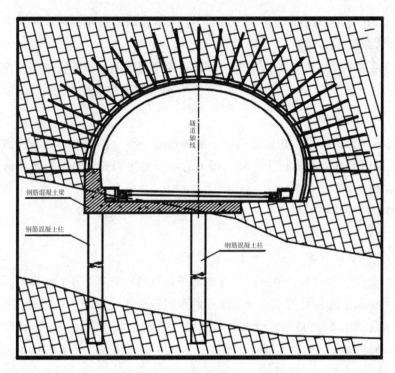

图 8.5 桩基加承台处治方案示意图

5. 充填处治方案

当隧道基底处的溶洞规模大，发育深度很深时（≥30 m），宜采用充填处治方案，以路基形式通过溶洞。

8.3.5 大型含水溶洞的处治技术

在隧道建设中，经常会遇到含水型溶洞，其可分为以下两种。

1. 充水型溶洞（溶槽）

受地质构造影响，在不同岩性之间，有时会出现层间宽张裂隙，张裂隙内充填有大量的岩溶水。为保证施工及隧道建成后运营的安全，施工中应遵循以注浆加固堵水方式为主的处治原则。

（1）当隧道采取顺坡施工的方式时，通过综合超前地质预报确定掌子面前方涌水量不大（$Q \leqslant 300$ m³/h）、水压不高（$p \leqslant 0.5$ MPa）、水量比较稳定时，可采取爆破揭示后局部注浆或者径向注浆处治方案。采用爆破揭示后再处治的方式既能满足隧道快速施工要求，也能达到注浆堵水加固的要求。

（2）当隧道采取顺坡施工的方式时，通过综合超前地质预报确定掌子面前方涌水量大（$Q > 300$ m³/h）、水压高（$p > 0.5$ MPa）时，采用爆破揭示后再处治的方式施工难度大，注浆堵水效果差，因此采用超前预注浆堵水的处治方案。

（3）当隧道采取反坡施工的方式时，通过综合超前地质预报确定掌子面前方涌水量不大（$Q \leqslant 100 \mathrm{~m}^3/\mathrm{h}$）、水压不高（$p \leqslant 0.5 \mathrm{~MPa}$）、水量比较稳定时，可采用爆破揭示后局部注浆或者径向注浆处治方案。

（4）当隧道采取反坡施工的方式时，通过综合超前地质预报确定掌子面前方涌水量大（$Q > 100 \mathrm{~m}^3/\mathrm{h}$）、水压高（$p > 0.5 \mathrm{~MPa}$）时，应采用超前预注浆堵水的处治方案。

2. 过水型溶洞（暗河）

过水型溶洞多为该隧道所在位置的地下水水系的一部分，如果堵塞，将破坏该位置的地下水水系，同时也在隧道衬砌上附加了很大的水压力。因此，对于过水型溶洞，处治的原则是"宜通不宜堵"。

处治过水型溶洞常用的形式是泄水洞、梁垮（拱垮）、迂回导坑。

1）泄水洞

泄水洞形式的处治方案（见图8.6）有以下要求。

① 泄水洞应设置为上坡，坡度应结合地形条件设置，一般以 1% ~3% 为宜。

② 泄水洞断面应能满足排水要求，断面的设置应按水文地质条件进行估算。

③ 若泄水洞长度 $L \leqslant 500 \mathrm{~m}$，泄水洞断面尺寸原则上按照满足现场机械配置和施工通风的要求进行确定。采取无轨运输时泄水洞宜为 4.5 m×4.6 m（宽×高），采用有轨运输时泄水洞宜为 3.5 m×4.2 m（宽×高）。若泄水洞长度 $L > 500 \mathrm{~m}$，泄水洞断面尺寸原则上按照有轨运输和施工通风的要求进行确定。

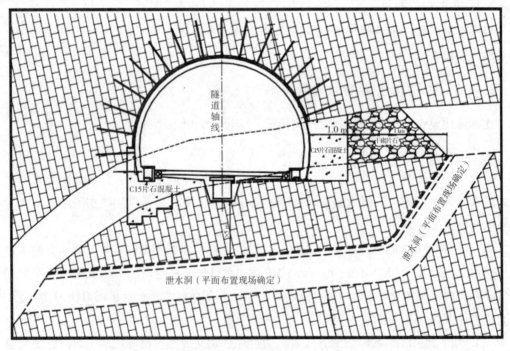

图 8.6 泄水洞形式处治方案示意

2）梁跨（拱垮）

对于大跨度过水型溶洞，溶洞周围岩体相对完整时，可根据溶洞的具体地质条件，采用隧道内梁（拱）桥跨越形式的处治方案。

3）迂回导坑

对于涌水量大的溶洞或岩溶带等复杂情况，若一时难以处理，为使开挖工作不致停顿，可采取迂回导坑形式绕避溶洞，继续进行隧道开挖。同时在溶洞两段进行探测，借以查明溶洞大小或岩溶带的分布范围、岩溶水补给来源等，进行研究之后，再确定相应的处治方案。

8.3.6 大型充填型溶洞的处治技术

1. 充填淤泥型溶洞

1）工作面预注浆法

在隧道施工中，首先采用 综合超前地质预报确定掌子面前方充填淤泥型溶洞的尺寸或范围；然后采用超前预注浆方式加固淤泥质围岩，并采取超前大管棚对加固后的淤泥质围岩进行支护；最后采用台阶法开挖。开挖后应及时进行径向补充注浆及施作加强型二次衬砌结构。

施工过程中的注意事项如下：

(1) 注浆材料为水泥单液浆或者普通水泥-水玻璃双液浆。

(2) 注浆顺序应遵循以下两个原则：①注浆按由外到内的原则进行；②充分考虑水源影响因素，按由下到上、由左到右的注浆顺序进行。

(3) 采取前进式分段注浆工艺。

(4) 注浆结束标准以注浆压力控制。

(5) 在超前预注浆结束后，采取超前大管棚支护，以确保隧道施工安全。

2）地表预注浆法

若隧道埋深不大于 100 m，岩溶发育比较简单，并且通过地表钻孔、水化学分析、连通试验、地面沉降和地下水位变化观测等手段确定了溶管或溶洞的位置和方向，可通过地表局部注浆、帷幕注浆等方法对地层进行加固，阻断岩溶水下渗的通道，确保隧道开挖不受岩溶的影响。地表预注浆法的注浆压力应随着钻孔深度而变化，一般不超过上覆土压和水压之和的1/2。值得注意的是，采用地表预注浆法时，一定要严格控制注浆压力和浆液扩散范围，防止对煤层采空区、采矿巷道、附近建筑物产生影响和对井、泉、农田产生污染或破坏。

2. 充填粉质黏性土型溶洞

在隧道施工中，鉴于粉质黏性土层有一定的自稳能力，首先采用综合超前地质预报确定掌子面前方充填粉质黏性土型溶洞的尺寸或范围；然后对拱部及边墙处的溶洞采取超前小导管支护，必要时可在隧道拱部设大管棚超前支护；最后进行分步开挖。初期支护采用钢架支撑，开挖后及时进行径向补充注浆。基底的溶洞可采取钢管群桩或高压旋喷桩的方式进行加固处治。加固后及时施作二次衬砌结构，根据水压力测试结果确定是否采用抗水压二次衬砌结构型式。

3. 充填粉细砂型溶洞

在隧道施工中，当通过综合超前地质预报确定前方存在大型充填粉细砂型溶洞时，应停止施工，封闭掌子面。先采用全断面超前预注浆的方式加固粉细砂层，必要时，在开挖之前还要采取超前大管棚支护；开挖时采用台阶法或 CRD 工法。开挖后立即进行径向补充注浆，并进行水压力测试，根据测试结果，确定是否采用抗水压二次衬砌结构型式。

4. 充填块石土型溶洞

在隧道施工中，首先采用综合超前地质预报确定掌子面前方充填块石土型溶洞的尺寸或范围；然后采用全断面超前预注浆法加固块石土，并采取超前大管棚进行支护；最后采用台阶法或 CRD 法开挖，开挖后立即采用加强型（缩短钢架支撑间距）支护方法进行初期支护，必要时可采用 C30 钢筋混凝土作为二次衬砌结构型式。

8.3.7 其他类型溶洞的处治技术

1. 裂隙溶洞（溶槽）的处治技术

受地质构造影响，在断层或不同岩性交界面处，会发育不同程度和不同特性的裂隙溶洞。裂隙溶洞有的以充填黏土为主，有的无充填，有的则以充水为主。此时应针对裂隙溶洞的不同特性采取有针对性的处治方案。

1）无充填型裂隙溶洞（溶槽）

针对无充填型裂隙溶洞，可采取工字钢或者格栅钢架支撑加强支护，然后采用泵送混凝土、浆砌片石或水泥砂浆回填的处治方案。

2）充填黏土型裂隙溶洞（溶槽）

针对充填黏土型裂隙溶洞，施工中主要采用修正围岩级别、调整开挖方法、加强超前支护、缩短开挖进尺、及时初期支护的处治方案，必要时提前施作二次衬砌。

（1）修正围岩级别，把围岩级别变更为Ⅳ~Ⅴ级。

（2）采用台阶法或分部开挖法施工，开挖进尺控制在 0.5~1 m。

（3）施工过程中加强监控量测，当隧道变形较大时，应设置临时仰拱。

（4）采取超前小导管预注浆加固措施。

（5）采用钢架支撑（间距 1 榀/0.5~1 m）、纵向钢筋连接方式。隧道底部采用仰拱闭合方式。

（6）处理完毕、待围岩变形稳定后，及时施作二次衬砌。

2. 管道型溶洞的处治技术

1）拱腰及以上部位发育的无充填管道型溶洞

对于隧道拱腰及以上部位发育的无充填管道型溶洞，经调查分析，确定将来不可能有较大的涌水，并根据溶洞特征制定处治方案时，既要考虑结构的稳定性、安全性，又要考虑管道型溶洞出现岩溶水时的排水问题，因此应考虑采取溶腔防护层、结构防护层、初期支护加强层、结构保护层、缓冲层和结构排水系统等综合处治方案。拱腰及以上部位发育的管道溶洞处治示意如图 8.7 所示。

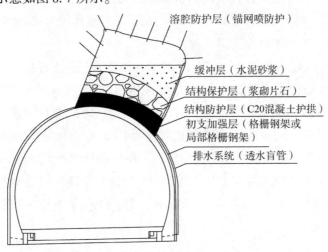

溶腔防护层（锚网喷防护）

缓冲层（水泥砂浆）
结构保护层（浆砌片石）
结构防护层（C20 混凝土护拱）
初支加强层（格栅钢架或局部格栅钢架）
排水系统（透水盲管）

图 8.7　拱腰及以上部位发育的管道溶洞处治示意

2）边墙部位发育的无充填管道型溶洞

对于隧道边墙部位发育的无充填管道型溶洞，经调查、分析，确定将来不可能会有较大的涌水时，原则上可以采用浆砌片石回填的方式，回填厚度为 2 ~ 5 m。

3）基底发育的竖直向无充填管道型溶洞

①对于隧道基底发育的竖直向无充填管道型溶洞，当发育深度小于 5 m 时，可采用 C25 混凝土回填的处治方案。

②对于隧道基底发育的竖直向无充填管道型溶洞，当发育深度大于 5 m 时，用隧道弃渣回填基底 5 m 以下的部分，回填时，应进行必要的振捣；隧道基底 5 m 范围内采用 C25 混凝土回填，回填过程中应进行振捣，确保混凝土回填密实。

8.4　高压岩溶地区隧道围岩处治技术的工程应用

8.4.1　工程概况

宜万铁路线路全长 377.128 km，东起宜昌东站，西止万州站，全线桥隧比重占线路全长的 72% 左右。云雾山隧道位于宜万铁路 26 标段，起止里程为 DK242+084 ~ DK248+724，地处恩施市白果镇和小溪沟之间，隧道全长 6 640 m，属宜万铁路八座 I 级高风险隧道之一，是宜万铁路的重点控制性工程（见图 8.8）。隧道设计为双线单洞隧道，线间距 30 m。隧道穿过区主要岩性为灰岩、白云质灰岩、泥质白云岩等可溶岩地层，岩层张节理较发育。云雾山隧道斜穿白果坝背斜和背斜核部发育的北东向二次纵张断裂——茅坝槽断裂；

隧道通过区域内经过多个大小断层，岩溶裂隙强烈发育，排泄基准面有白果坝、大鱼泉、小鱼泉、恶水溪、洞湾 5 个暗河系统。据物探资料显示，隧道地处鄂西南地区，属亚热带季风气候，雾多湿重，雨量充沛，区内山峦叠嶂，沟壑纵横，相对高差约 1 000 m，呈明显的垂直气候特征，年降雨量为 1 200 ~ 1 500 mm。正常涌水量为 45 655 m³/d，最大涌水量为 171 994 m³/d，地下水极为丰富。

新圆梁山隧道位于既有圆梁山隧道右侧 30 m，由既有贯通平导扩挖修建。既有隧道于 2005 年建成通车，新线隧道占用既有平导，为满足隧道进口端施工及富水高压地段泄水降压需要，于新建隧道右侧 30 m 新建长度为 2 672.42 m 的泄水洞。新建泄水洞穿过 1 号溶洞抵近 2 号溶洞，设计纵坡 3‰，坑底比新建隧道底板低 4.68 m，泄水洞下穿新建隧道与既有 6-1#泄水支洞连接。新圆梁山隧道穿越毛坝向斜，毛坝向斜核部和东翼在深部滞流带隧道洞身附近发育 3 个大型高压富水深埋充填型溶洞：1 号溶洞距离进口 2 842 m，长 35 m，埋深 555 m；2 号溶洞距离进口 3 060 m，长 60 m，埋深 579 m；3 号溶洞距离进口 3 472 m，长 50 m，埋深 584 m。

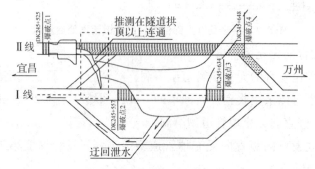

图 8.8　云雾山隧道溶洞群示意

8.4.2　溶洞的超前探测

施工中将超前探测纳入施工工序管理，采用综合超前探测方法判明溶洞的边界、范围、水量、水压、水质等参数，初步判断溶洞的发育范围、规模，及性质，为制定溶洞处理方案、降低施工风险提供依据。

结合云雾山隧道和新圆梁山隧道工程地质特点及分级，超前地质预测预报综合技术采取"地表和洞内相结合原则、长距离和短距离相结合原则、宏观控制和微观探测相结合原则、构造探测和水探测相结合原则、地质法-物探法-钻探法相结合原则"的"五结合原则"，通过地质法分析前方地质构造，物探法确定前方不良地质。施工中在 TSP、地质雷达、红外探水、地质素描等预报手段的基础上，把钻孔法作为主要的手段，对施工过程中隧道开挖掌子面前方及开挖后隧道周边隐伏岩溶进行多方位立体式有效地探测。通过对各种预报方法相互印证，不断总结提高预测预报的准确性，较确切地探明溶洞、溶腔的性质和规模，为溶洞、溶腔处理提供科学决策的依据。

云雾山隧道超前地质预测预报长度为 6 640 多米，在超前地质预测预报过程中采用了以上各种预测预报手段，并且收到很好的效果。隧道出口 DK245 +645 ～ +570 段的超前地质预测预报是比较典型的例子，当开挖至 DK245+645 左右，掌子面揭示为灰岩，但存在局部裂隙少量渗水现象。

云雾山隧道出口Ⅰ线在 DK245+645 掌子面用德国克莱姆钻机进行超前水平钻探时，出现涌水、涌砂现象，钻孔最大出水量达到 800 m^3/h，随后在Ⅰ线 DK245+645 掌子面施作封堵墙，进行超前水平钻探，先后在该掌子面钻 10 个孔，初步判定该溶洞为充填型溶洞，充填物为泥加砂，充填物遇水成流塑状，施工难度极大，施工受阻。在Ⅰ线施工受阻情况下，经多方研究决定提前进入Ⅱ线，为了探测该溶洞与Ⅱ线的线路关系，决定在Ⅰ线 DK245+680 处向线路左侧增加横通道，在 DK245+680 横通道施作超前水平钻探，再次遇到该溶洞，超前钻孔出水出泥，溶洞突出物与Ⅰ线基本相同，由此判定Ⅰ、Ⅱ线溶洞连通性是极强的。

围绕帷幕注浆大管棚方案与直接放水揭示方案，经过多方反复论证并收集相关资料，2008 年 11 月 6 日，铁道部工程管理中心在北京举行工程院士论证会，确定采用"释能降压、爆破放水、直接揭示"方案。

8.4.3　岩溶施工与处治

岩溶处理一般应遵循"以排为主，排堵结合，因地制宜，综合治理"的原则。当地下水大量排放可能影响生态平衡时，则应采用"以堵为主，限量排放"的原则。云雾山隧道的岩溶为特大充填型溶洞，主要采取注浆固结和超前支护技术。针对该特大充填型无水溶洞，施工方案中采用超前 5 ～ 8 m 范围帷幕预注浆加固技术、30 m 长管棚加强超前支护、浅眼控制爆破、预留核心土、短台阶法、临时仰拱等施工措施来实现安全生产。此处主要介绍超前帷幕预注浆加固技术在处理 DK245+634 掌子面处岩溶部位的应用。

1. 释能降压施工技术与增设导坑、迂回泄水技术

对于高压富水和有可能突水、突泥的溶洞，若采用帷幕注浆进行封堵，则不能降低突水、突泥对施工造成的灾害性风险。施工中在探明溶洞发育边界、规模、充填物性质等地质特性的基础上，采用直接爆破打开溶洞，释放溶洞内充填介质，减小溶洞内高水头产生的高势能，降低水压，降低施工风险，缩短施工工期，确保施工安全。云雾山隧道 DK245+617 溶洞为高压、富水、充填型溶洞群（包括 DK245+526 溶洞），现场进行了溶洞放水试验，溶洞注浆连通性试验，水文观测、汇水面积和地表水补给量的统计与分析，通过对放水线路、消水地点及放水沿线进行安全评估，根据对溶洞群的详细探测结果，采用在Ⅱ线 DK245+525 对溶洞进行爆破揭示释放水压。采用爆破放水后效果显著，相互连通的云雾山隧道核部 DK245+617 溶洞群水压、水量在 24 h 内降到零，使云雾山隧道均处于高压、富水、充填型溶洞的 4 个主攻掌子面解除了施工高风险。

云雾山隧道采用增设迂回导坑的方法提前贯通了Ⅰ线，采用这种方法解除了反坡突水淹井的风险，绕开了 DK245+617 溶洞群，同时也为溶洞探测增加了工作面，有利于对溶

洞发育范围、规模进行锁定，为处理溶洞提供工作面。隧道施工到白果坝断层影响地段，在隧道进出口施工中均遇到溶洞，且均有突水、突泥现象发生，而隧道出口为14.9‰的反坡施工，施工风险极大，为了降低施工风险，决定在隧道Ⅰ线右侧增设迂回导坑先行贯通。同时采用迂回导坑进行迂回泄水，降低施工风险。

2. 超前管棚施工技术

超前管棚是穿越软弱围岩超前支护的重要手段，在云雾山隧道穿越溶洞施工中起到了很大作用。超前管棚施工的工艺流程为：施工准备→钻孔→顶进管棚→清孔→注浆管路检查→制备浆液→注浆、拌浆→压力流量→结束。下文仅介绍其中的几个关键步骤。

1）导向墙施工

超前管棚导向墙可以利用止浆墙设置，管棚口设 $\phi127$ mm×4 mm 的孔口管，在套拱处用钢筋固定在型钢上，导向墙开挖时不得随意切坡，只有待管棚施作完以后，才能扩挖，在管棚的施工过程中必须保持导向墙的稳定，不偏移、不沉降，必要时要增加一些临时支撑。

2）钻孔及顶进管棚

用 KR8042 管棚钻机钻孔并顶进管棚，本隧道采用 $\phi108$ mm×4 mm 的钢管，钢管按设计的外插角打入围岩，钻进时，准确控制钻机立轴方向，以保证孔口的孔向正确，每钻完1孔顶进1根钢管。超前管棚按环向间距40 cm布置，钢管接头采用丝扣连接（丝扣长15 cm）和孔内套管焊接两种方式。钢管接头相互错开，洞内管棚利用钢拱架上焊接导向孔口钢管，钻孔时，钢管穿过孔口管打入，在钻孔的过程中采用测斜仪测定钢管倾斜度，发现有可能超过限制误差时及时进行纠正，云雾山隧道的管棚施工长度为30 m，结果显示，在地质情况比较单一和无空洞的情况下，长管棚的支护效果很好，在泥夹孤石围岩和有空洞的情况下，长管棚的施工长度宜缩短至20 m以内。

3）注浆

顶进管棚结束后，及时扫孔清孔，管内插入钢筋笼，再灌注1∶1水泥砂浆，用注浆泵注浆，注浆前先进行注浆现场试验，注浆参数通过现场试验按实际情况确定，注浆时从拱顶向下注，如遇窜浆或跑浆，则间隔1孔或几孔进行注浆。注浆结束标准为：注浆压力逐步升高，达到设计终压并继续注浆10 min以上，当每孔注浆量达到设计注浆量时，可以结束注浆，钢管尾部须焊接于钢拱腹部，以增强共同支护作用。

3. 超前帷幕注浆技术

1）钻孔工艺

先钻周边孔后钻中央孔，从下而上逐孔作业。在周边孔注浆全部结束后，开始钻中央孔，钻孔一次成型。钻孔台车的钻杆长度为4.3~5.5 m，钻深孔时必须接杆。因此，随着孔深的增长，需要对回转扭矩、冲击力及推力进行控制和协调，尤其要严格控制推力，不能过大。为了确保钻杆接头有足够的强度、刚度和韧性，钻杆连接套应与钻杆材质相同，两端加工螺扣。

台车固定就位前，测量工应准确画出钻孔位置。施钻时，钻杆穿过套拱中预埋的孔口管，台车大臂必须顶紧在套拱上，以防止过大颤动影响施钻精度。钻机开孔时钻速宜低，钻进 20 cm 后转入正常钻速。

第一节钻杆钻入岩层，尾部剩余 20～30 cm 时停止钻进，人工用两把管钳卡紧钻杆（注意不得卡丝扣），钻机低速反转，脱开钻杆。钻机沿导轨退回原位，人工装入第二根钻杆，并在钻杆前端安装好连接套，钻机低速送至第一根钻杆尾部，方向对准后连接成一体。起拱线以上的孔位，由于台车大臂离地面较高，不便装卸钻杆，这时应将大臂落下。人工在地面安好钻杆后，大臂重新升起就位。每次接长钻杆，均可按上述方法进行。

换钻杆时，要注意检查钻杆是否弯曲、有无损伤、中心水孔是否畅通等，不符合要求的应更换，以确保正常作业。钻孔达到要求深度后，按同样的方法拆卸钻杆，钻机退回原位。

2）超前注浆技术顶管工艺

采用大孔引导和钢管钻进相结合的工艺，即先钻大于钢管直径的引导孔，然后利用钻机的冲击和推力（顶进钢管时台车不使用回转压力，不产生扭矩）将安有工作管头的钢管沿引导孔顶进，逐节接长钢管，直至孔底。

管件制作：钢管采用节长 3 m、$\phi108$ mm×6 mm 的热轧无缝钢管，因此必须进行接长。钢管接长时先将前一根钢管顶入钻好的孔内再连接，接头采用丝扣连接，丝扣长 15 cm（或内衬焊管 40 cm）。第一根钢管前端做成锥形，以防管头顶弯或劈裂。接长管件应满足钢管受力要求，相邻管的接头应前后错开，避免接头在同一断面受力。

顶管作业：将钢管安放在大臂上后，台车对准已钻好的引导孔，低速推进钢管，其冲击压力控制在 1.8～2.0 MPa，推进压力控制在 4～6 MPa。

3）接管

当前一根钢管推进孔内，孔外剩余 30～40 cm 时，开动凿岩机反转，使顶进连接套与钢管脱离，台车退回原位，大臂落下，人工装上后一节钢管，大臂重新对正，凿岩机缓慢低速前进对准前一节钢管端部（严格控制角度），人工持链钳进行钢管连接，使两节钢管在连接处连成一体。凿岩机再以冲击压力和推进压力低速顶进钢管。

4）注浆

根据隧道设计及地质资料，采用一次性全孔压注，直至设计位置。注浆施工工艺流程：测量放样→钻孔至设计长度→退钻→安设孔口管→安设注浆管道→注浆→清孔→填 C30 砂浆→注浆效果检查→结束。注浆顺序：先注帷幕孔，后注中间孔。

（1）注浆压力的确定。注浆压力是影响注浆效果的关键因素，施工中必须认真对待。常规条件下，注浆压力主要与渗透地下水（涌水）压力（静水压力及动水压力）、裂隙大小和粗糙程度、浆液的性质和浓度、要求的扩散半径等有关，可按岩层裂隙与注浆压力关系或涌水压力与注浆压力关系确定。

（2）注浆量的确定。为了获得良好的固结及堵水效果，必须注入足够的浆液量，以确保浆液的有效扩散范围。但注浆量过大、扩散范围太远，将造成浆液的浪费及给开挖造成新的难度，因此要使浆液在地层中均匀扩散（帷幕注浆范围为 8.0 m）。为了保证注浆效果，注浆采用一次升压法施工，即从注浆一开始就在短时间内将压力升高到设计规定值，并一直保持到注浆结束。在规定的压力下，根据注浆量情况分级调整浆液浓度，直至裂隙逐渐被填充，单位吸浆量逐渐减小，达到结束标准即停止注浆。

（3）帷幕孔浆液凝胶时间的控制。浆液的凝胶时间由浆液的浓度、两液的配比决定，通过两液的泵量来调节。由于注浆范围小，注浆段长度较短，单孔注入量不可能很大。为简化制浆、注浆工序，采用 W∶C（水灰比）=1∶0.6 的水泥浆，通过调节 C∶S（水泥与砂之比）来控制凝胶时间，按"配比操作表"操作。施工时掺加早强、塑化、膨胀外加剂，保证浆液具有高强性、可注流动性、膨胀密实性和良好的强度与扩散范围。一般情况下，单孔注浆的配比、凝胶时间不宜频繁变化。但在出现跑浆、超范围扩散时，应缩短凝胶时间；在变换浆液浓度与配比时，应随时在泄浆阀处抽样测定浆液的实注凝胶时间，以检查机况的正常与否和配比的准确度。

（4）注浆结束标准。在正常情况下，采用定压注浆。当注浆压力达到或接近设计终压值时，结束注浆。而当注浆压力接近或达到设计终压的 80% 时，如出现圈套的漏浆，经间歇注浆后，也可结束注浆。检查注浆效果：所有注浆孔都注满后，钻取岩芯对注浆效果进行检查。对浆液扩散较为薄弱及钻孔渗水量大的部位需加孔补注浆，直到达到要求指标为止。

（5）注浆异常现象的处理。若在注浆过程中发生串浆现象，在有多台注浆机的条件下，应同时注浆，无条件时应将串浆孔及时堵塞。轮到该孔注浆时，再拔下堵塞物，用铁丝或细钢筋将孔内杂物清除并用高压风或水冲洗，然后注浆。若注浆量很大，但压力长时间不升高，则应调整浆液浓度及配比，缩短凝胶时间，进行小泵量低压力注浆或间歇式注浆，使浆液在裂隙水中有相对停留时间，以便凝胶，但停留时间不能超过混合浆的凝胶时间。

8.4.4　涌水治理与恢复措施

1. 涌水疏干影响

1）对储存介质影响

隧道区地层受北西向张扭性断裂控制，节理裂隙发育，其上覆盖一层残积土弱含水层。在隧道施工前，节理裂隙闭合，高处基岩泉水自流至低洼处形成水田。隧道施工爆破加大节理裂隙开度，使其连通性增强，隧道涌水导致上方基岩水位下降，泉水枯竭，山谷低洼处水田变成旱地。经调查，影响耕地面积达 40.9 hm^2，涉及 13 个村、2 个镇。

2）对地下水径流补给影响

由于主要靠大气降水及北部山地基岩裂隙水侧向补给，长期涌水疏干将降低区域地下水位，形成以隧道涌水点为中心的水位漏斗。断裂带、岩溶发育段水位逐渐降低，地下水径流加快，位于上游灰岩分布区的岩溶水向隧道涌水点径流排泄，水位下降。随着隧道施工止水封填，水位将逐渐恢复。

3）对环境影响

短期涌水疏干暂时影响地下水资源的局部储存介质，位于高处基岩的泉水枯竭，低洼山谷水田将成旱地。长期涌水疏干将降低地下水位，破坏地下水均衡，对地下水资源造成浪费，工程施工应尽快封堵涌水点。图8.9为地下水位下降对环境的影响。

图8.9　地下水位下降对环境的影响

2. 涌水治理恢复措施

云雾山隧道区岩性复杂，条带状硅质粉砂岩中灰岩分布无规律，构造发育、岩溶及地下水赋存条件复杂，涌水情况在国内实属罕见。涌水对周围环境影响大，涉及面广，对处治技术提出了特殊要求。建设单位多次组织专家对隧道治理措施进行研究讨论，把隧道工程-环境水文地质-生态环境影响作为一个系统工程来考虑，把稳定原有隧道水文地质环境和保护生态环境作为病害治理目标，确定采用"堵排结合，以堵为主"的涌水治理方案。

1）加强超前地质预报

采用TSP与水平钻孔相结合的超前地质预报法，对涌水地段先采用TSP进行地质预报，根据地质预报结果，对可疑地段采用水平钻孔予以核实。在施工全过程中，装药长度应不大于炮眼深度的1/2，超前钻扎度应超出爆破工作面3 m。

2）堵水

针对不同情况，采取"裂隙注浆堵水、涌水洞穴封堵和二次衬砌排水隔离"3种方法。裂隙注浆堵水采用局部注浆和全周边小导管注浆方式进行，局部注浆用于仅有个别裂隙地段，全周边小导管注浆用于裂隙密集带，浆液采用水泥-水玻璃双液浆，部分渗漏严重地段可采用HSC单液化学浆液封堵。

3）排水

加大涌水段落和下坡方向的排水边沟过水段面积，缩小环向盲沟间距至5 m左右，并通过横向连接沟使左右洞排水沟连成整体，以满足裂隙水排水的要求。

4）地下水人工补给

因地制宜，有计划、有步骤地利用雨季地下水或自来水进行人工回灌，做到"夏灌冬用"，但应严格控制回灌水的水质，防止地下水水质恶化。即通过各种人工入渗或回灌措施，把地表水补充到含水层中去，以解决水资源不足的问题，改善地下水储存状况。

8.5 本章小结

本章论述了富水区隧道防水原则和岩溶地区围岩常见的病害及特征，并对岩溶围岩、溶洞处治方法及分类方法进行了阐述，介绍了不同类型溶洞的处治技术。

结合工程实际，收集了宜万铁路云雾山隧道涌水相关资料，从而了解实际工程中隧道涌水的防治和预测技术的运用情况。通过对云雾山隧道资料的整理、学习，总结出了以下内容。

（1）本章总结分析了富水区防排水原则及常用的防排水措施，供富水区隧道设计施工参考。

（2）结合云雾山隧道和新圆梁山隧道工程地质特点和施工地质分级，对隧道工程的施工地质预测预报综合技术采取"地表和洞内相结合原则、长距离和短距离相结合原则、宏观控制和微观探测相结合原则、构造探测和水探测相结合原则、地质法-物探法-钻探法相结合原则"的"五结合原则"，分析预测隧道前方地质构造特征及不良地质情况。预测所得结果与开挖后实际情况较为接近，预测比较准确，具有可靠性。

（3）岩溶处理一般应遵循"以排为主，排堵结合，因地制宜，综合治理"的原则。当地下水大量排放可能影响生态平衡时，则应采用"以堵为主，限量排放"的原则。云雾山和新圆梁山隧道的岩溶为特大充填型溶洞，主要采取注浆固结和超前支护技术。经过4环5~8 m的帷幕注浆加固，溶洞地段已经安全贯通；经过连续几个月的监控量测和数据分析，溶洞段支护处于稳定状态，超前帷幕注浆固结施工技术在充填型溶洞处理中得到很好的应用。

（4）释能降压法是一种高压富水充填型岩溶的创新处治技术，它突破了传统的注浆法及冻结法，技术先进、可靠释能降压法在宜万铁路高风险隧道中的应用达到了很好的效果，使施工长期受岩溶阻扰的云雾山隧道在短短1~2个月内安全通过岩溶段。

（5）隧道涌水造成涌水疏干，地下水位下降，地下水径流加快，泉水、农业用水枯竭等问题。将隧道工程-环境水文地质-生态环境影响作为一个系统工程来考虑，把稳定原有隧道水文地质环境和保护生态环境作为病害治理目标，确定采用"堵排结合，以堵为主"的涌水治理方案。运用堵水、排水和地下水人工补给技术治理恢复地下水位和环境。经半年多的观测证实，隧道工程未出现新的变形等现象，地下水位正逐步上升，原受涌水影响的田地、村庄正逐步恢复原样。

第九章
渗流作用对裂隙岩体边坡稳定性的影响及控制措施

造成山体滑坡的原因多种多样，其中水的作用不可忽视。岩体边坡内部主要由裂隙控制渗流大小与方向。水在裂隙岩体中的渗流情况比在孔隙介质中复杂得多，岩体结构的各向异性、非均质性，以及裂隙分布的不连续性，导致了渗流的各向异性、不连续性和非均质性。水对边坡稳定性的影响主要通过降雨作用来实现，在持续的大降雨过程中，水体沿着边坡岩体的裂隙网络入渗，在不考虑上覆土体或强风化岩体对入渗水体的滞留作用的条件下，地下水位将明显抬高，导致裂隙岩体内部的孔隙水压力增大，并且将进一步软化岩体结构面，改变岩体的内聚力和内摩擦角等参数，降低结构面的抗剪强度。尤其当地下水位抬高至岩体边坡潜在滑动面以上时，上述因素对边坡稳定性的影响是极为显著的。

9.1 边坡开挖岩体渗流特征

9.1.1 裂隙岩体边坡渗透性变化规律

边坡应力场与变形的关系主要通过边坡岩体卸荷的形式表示。无论是人工开挖卸荷还是岸坡河流侵蚀卸荷，都是边坡应力场和变形相互调整的过程，前者较为快速。研究表明，边坡应力场一般具有如下特征。

（1）坡肩。边坡坡肩部位易形成拉应力区，产生张拉裂隙。尤其以构造应力为主的边坡在坡肩处的张应力区域较大。

（2）坡面。边坡表面为主应力面，不承受应力，即卸荷过程是使原本受力的面变为最小主平面的过程。由于边坡表面发生改造，浅表部坡体产生应力释放，使最大主应力小于初始应力状态的值，在该范围内形成拉应力区。最大主应力与坡面方向保持平行，且向下逐渐增大，往坡内逐渐恢复到初始应力状态。

（3）坡脚。由于边坡坡脚对边坡变形的约束效应以及向坡脚区域差应力的增大，使边坡在坡脚部位形成压应力区和剪应力集中区。斜坡坡度越大，坡脚处表面曲率越大，这种应力集中将越强烈。

边坡岩体的卸荷变形主要表现为已有结构面的张开或张剪错动。卸荷变形一般从坡表，特别是坡肩部位开始，向坡内卸荷变形减弱，逐渐过渡到完整致密的岩体。根据卸荷松动程度划分出强卸荷带、弱卸荷带和微卸荷带。根据上述边坡应力场特点，可知自坡面向坡内，总体上裂隙开度逐渐变小，3个卸荷带的平均隙宽在量值上存在明显差异，即岩体渗透性自坡面向坡内递减，在3个卸荷分区中逐区减弱。此外由于边坡卸荷的定向性，一般会导致边坡上部张应力区中陡倾坡内或坡外的结构面张开，边坡内部垂向裂隙的开度一般大于横向裂隙的开度。这将大大提升该方向的岩体渗透性能，显著加剧岩体渗透性能的各向异性。

9.1.2　降雨入渗对地下水位的影响

随降雨强度的不同，边坡区域会发生不同程度的降雨入渗。入渗水量将转化为地下水流，改变渗流场和地下水位，从而影响岩体的变形与稳定性。在边坡岩体中，降雨入渗和转化的地下水渗流是两个不同的阶段，分别具有不同的特征规律。

1）降雨入渗

对于裸露的基岩，降雨沿岩体裂隙网络入渗，毛细作用和基质吸力等因素的影响可以不考虑。入渗水量主要受降雨强度、降雨历时、岩体入渗能力等因素的综合影响。

现设边坡岩体的入渗强度为 W，降雨强度为 F，降雨强度按日降雨量确定。当 $F>W$时，即降雨强度超过了裂隙岩体的入渗能力，此时降雨不能完全入渗，将在坡面形成径流；当 $F<W$ 时，降雨将全部入渗。

2）地下水渗流

上述入渗水量将转化为地下水，水力坡度的存在使地下水在边坡岩体间也存在着渗流。由于岩体渗透张量的各向异性，降雨入渗方向和地下水流动方向的渗透性能是不同的。根据《地下水动力学》中的浸润线方程，即

$$h^2 = h_1^2 + (h_2^2 - h_1^2)\frac{x}{l} + \frac{W}{K}(l-x)x \tag{9.1}$$

由式（9.1）可知，K 越小则降雨入渗作用下的浸润线变化越大。由于岩体是各向异性的，故 K 的实质是水力坡度方向上的渗透系数 K_J，K_J 越小，地下水渗流过程越困难，地下水位越易抬高。

因此，在研究裂隙岩质边坡的浸润线方程时，必须考虑各向异性的影响。

9.1.3　裂隙岩质边坡的浸润线方程

由于裂隙岩体边坡中岩体岩性分布不一，裂隙等结构面随机分布且发育程度各异，岩体边坡中不同部位岩体性质可能存在较大差异，故裂隙岩体一般被视为复杂介质，此时为方便裂隙岩质边坡浸润线的研究，作如下基本假设：

（1）对称地存在两条完整切割潜水含水层的平行河流，河水位保持不变且沿河槽具有直立壁面；

（2）潜水含水层均质，各向异性，隔水底板水平不透水；

（3）入渗强度在空间上均匀分布，在时间上稳定；

（4）潜水流为二维稳定流，为方便计算引进裘布依假定，将问题降为一维流处理。

现先取单位渗流宽度的河间地段为对象进行研究，如图 9.1 所示。由于两河水位不等，存在分水岭，故以水均衡原理建立方程。

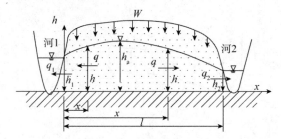

图 9.1　有入渗补给的河间地段剖面

无论 x 在何处，均可得相同均衡式为

$$q = q_1 + Wx \tag{9.2}$$

引入裘布依假定，取水力坡度方向上的渗透系数为 K_J，则有

$$-K_J h \frac{\mathrm{d}h}{\mathrm{d}x} = q_1 + Wx \tag{9.3}$$

分离变量，由断面 1 至断面 x 积分，得

$$\frac{1}{2}(h_1^2 - h^2) = \frac{q_1}{K_J}x + \frac{W}{K_J}\frac{x^2}{2} \tag{9.4}$$

当 $x=l$ 时，$h=h_2$，则上式可写为

$$\frac{1}{2}(h_1^2 - h_2^2) = \frac{q_1}{K_J}l + \frac{W}{K_J}\frac{l^2}{2} \tag{9.5}$$

可得单宽流量方程为

$$\left.\begin{array}{ll} \text{断面 1} & q_1 = K_J \dfrac{h_1^2 - h_2^2}{2l} - \dfrac{Wl}{2} \\[3mm] \text{断面 2} & q_2 = K_J \dfrac{h_1^2 - h_2^2}{2l} + \dfrac{Wl}{2} \end{array}\right\} \tag{9.6}$$

任意断面处的单宽流量方程为

$$q = K_J \frac{h_1^2 - h_2^2}{2l} - \frac{Wl}{2} + Wx \qquad (9.7)$$

将式（9.6）代入式（9.4），可得浸润线方程为

$$h^2 = h_1^2 - (h_1^2 - h_2^2)\frac{x}{l} + \frac{W}{K_J}(l-x)x \qquad (9.8)$$

对式（9.8）分析可知，当 $W=0$，即无入渗补给时，浸润线方程只是少了一项 $\frac{W}{K_J}(l-x)x$，则可认为降雨入渗对地下水位的抬高主要由这一项决定。且当 $x=l/2$ 时，$\frac{W}{K_J}(l-x)x$ 能够取到最大值，即河间地段中间断面水位抬高最大。

现以图9.2岩体边坡为例，此时的 h_2 已经不再表示河流水位高度，表示的是河间山体任意位置处的地下水位高度，且该值随着降雨入渗发生改变。获取 h_2 的值有助于另一个水位点的选择。现假设两条河流距离 L，h_2 所在的位置为 l，则可根据两者的关系对式（9.7）进行修正。

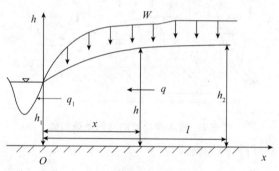

图9.2　边坡降雨入渗示意

修正后的浸润线方程可表示为

$$h^2 = h_1^2 + (h_2^2 - h_1^2)\frac{x}{l} + \frac{W}{K_J}(L-x)x \qquad (9.9)$$

上列各式中，当水力坡度接近水平时，水力坡度方向上的渗透系数可近似取横向渗透系数。

9.2　渗流作用下边坡稳定性防护措施

9.2.1　边坡防护与加固原则

在边坡加固设计中，往往通过合理的坡形坡率设计，以及适当的排水工程和防护加固措施来防止滑坡，同时考虑边坡与周围环境的协调，兼顾绿化与美化。一般遵循"因地制宜、经济适用、环保美观"的原则。

9.2.2 防治措施

目前，在国内外大量的滑坡防治工程的实践中，总结出了一套行之有效的防治措施，可以归纳为 6 个字，即：避、排、挡、减、固、植。

（1）避：主要是指采用绕避的方式，避开滑坡集中的路段。常见的方法主要有将设计线路放在滑坡范围以外；设置隧道或明洞，使线路高度低于滑面等。

（2）排：主要是指边坡排水工程的设置，主要包括地表排水和地下排水的设计。地表排水工程主要包括截水沟、排水沟、边沟等；地下排水工程主要有渗沟渗井、渗水隧洞、排水盲沟、集水井和平孔排水等。

（3）挡：主要是指增加支撑，支挡类处治措施通常包括挡土墙、抗滑桩、格构防护、圬工防护（浆砌片石、干砌片石、护面墙）、防护网等。

（4）减：主要是指减小下滑力或者增大抗滑力。具体工程措施有对主滑地段后部减重或抗滑地段前部加重。

（5）固：主要是指通过工程手段改变滑块地带的土体性质，具体可以通过锚固、注浆、加筋土等处治方法来实现。

（6）植：主要是指边坡防护措施中的植被防护，通过减缓降雨和地表径流的冲刷作用实现，通常包括种树、种草、铺草皮等手段，也经常与其他方法相结合，既达到了防护效果，又不失美观，常用的有格构防护、骨架防护、三维土工网防护等。

9.2.3 防治方法作用机理及适用条件

（1）坡率法、减重法及堆载法。坡率法是通过控制边坡的坡高和坡度而使边坡处于稳定状态，又称为削坡。在工程中，坡率法由于施工简便、经济适用而在公路边坡中大量使用，主要适用于地下水位较低、放坡场地足够的岩层、塑性黏土层和良好的砂性土层。减重法主要通过减轻致滑段中的超重部分来实现，主要适用于推动式滑坡，与之相对应，也可在阻滑段堆载来实现边坡稳定，这种方法主要适用于牵引式滑坡。减重法和堆载法以其直接、有效的优点而被广泛采用，通常与其他加固方法联合使用，如图 9.3 和图 9.4 所示。

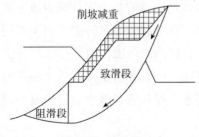

图 9.3 减重法

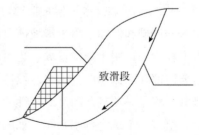

图 9.4 堆载法

（2）挡土墙。挡土墙是通过支撑路基填土约束其变形、维持稳定的支挡结构物。根据作用机理的不同，挡土墙主要有重力式挡土墙、悬臂式挡土墙、扶壁式挡墙、锚定式挡土墙、加筋挡土墙。不同挡土墙，其适用范围不同，如表9.1所示。

表9.1　不同挡土墙的特点及适用范围

挡土墙种类	特点	适用范围
重力式挡土墙	结构简单、施工方便； 地基承载力大，沉降量大	挡土墙高度 $H<5$ m，地基承载力较高地段
悬臂式挡土墙	截面尺寸小；对地基承载力要求不高	挡土墙高度 $H>5$ m，地基土质差的路段
扶壁式挡土墙	工程量小；工艺复杂	地质条件差，挡土墙高度 $H>10$ m
锚定式挡土墙	结构轻；造价低；工艺复杂	地基承载力较低，墙高较大的路段
加筋挡土墙	结构轻、刚度大；施工简单	加固河堤、围堰

（3）抗滑桩。抗滑桩是通过将桩身上部滑动岩土体的作用传递到桩身下部的侧向岩土体，从而产生侧向阻力来维持边坡的平衡的工程结构，如图9.5所示。抗滑桩按结构形式主要分为单桩、排桩、群桩、锚桩。抗滑桩因具有施工方便、对边坡影响小、布置灵活等特点而被广泛采用，但其造价较高。

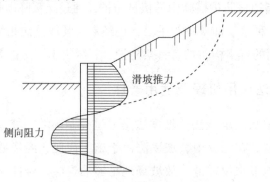

滑坡推力

侧向阻力

图9.5　抗滑桩工作原理示意

（4）锚固工程。锚固工程主要通过锚固结构将边坡岩土体同稳定岩土层连锁在一起来约束边坡岩土体的变形和位移，从而保证边坡稳定性。锚固工程具有施工安全、扰动小、节省材料等优点，但设计和施工的难度较大。

（5）排水工程。排水工程是指通过设置各种排水设施以排除地表水和减少地下水，防止地表水的冲刷和侵蚀，疏干滑坡体范围内的地下水，对滑坡体起到防护和加固作用。地表排水工程主要适用于降雨量大、边坡坡面易受冲刷和侵蚀的路段，地下排水工程主要适用于边坡内部存在流动的自由水，坡体受到地下水潜蚀，产生静水压力或者动水压力的情况。排水工程是一项复杂的、综合性的工作。地表排水工程和地下排水工程相互协调、相互配合，组成一个综合排水系统，如图9.6所示。

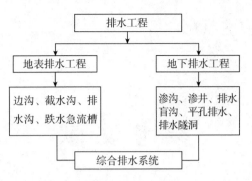

图9.6 排水工程的主要组成部分

（6）格构加固。格构加固主要是指在人工开挖的软质边坡上用毛石、卵石、空心砖等浆砌或者干砌形成框架结构，通常在格构结点处安装锚杆或者锚索以使坡体稳定，在格构框架内植花种草，以使边坡美观。在降雨量大的地区，有时在格构下方设置盲沟，用来拦截、疏干坡面渗入的雨水或者出露的地下水。边坡格构加固具有形式多样、布置灵活、效果良好、环境美观等特点。一般适用于坡度较陡（小于 1：0.75）的土质和全风化岩质边坡。

（7）注浆加固。注浆加固主要利用液压或者气压向岩土体中注入可凝固的浆液，以改变岩土体物理力学性质，提高其抗剪强度，达到增强坡体稳定性的效果。按浆液品种不同，浆液可分为纯水泥浆、粉煤灰水泥浆、黄沙粉煤灰水泥浆、化学浆等；按注浆对象不同，可分为黏土注浆、岩石注浆、砂砾注浆等。在边坡工程中，注浆一方面改变了边坡岩土体的抗剪强度，另一方面能有效减小坡体的渗透性，从而增强边坡土体的稳定性。

9.3 本章小结

本章介绍了边坡岩体渗流特征，以及常见的边坡防治措施、作用机理及适用条件。针对各边坡的特点采取相应的防护加固措施，简述了边坡岩体渗透性变化规律、降雨入渗对地下水位的影响，以及边坡的浸润线方程，并介绍了边坡防护加固措施主要分为避、排、挡、减、固、植6个方面。

参 考 文 献

［1］ 范健辉. 裂隙岩体边坡在降雨作用下的稳定性研究［D］. 绍兴：绍兴文理学院，2019.

［2］ ZHAO J. Rock mass hydraulic conductivity of the Bukit Timah granite［J］. Engineering Geology，1998，50（1/2）：211-216.

［3］ 许光祥. 裂隙岩体渗流与卸荷力学相互作用及裂隙排水研究［D］. 重庆：重庆大学，2001.

［4］ 倪绍虎，何世海，汪小刚，等. 裂隙岩体渗流的优势水力路径［J］. 工程科学与技术，2012，44（6）：111-118.

［5］ 高超. 岩石裂隙渗透性尺寸效应的数值试验研究［D］. 绍兴：绍兴文理学院，2019.

［6］ LOMIZE G M. Flow in fractured rocks［M］. Moscow：Gesenergoizdat，1951.

［7］ ROMM E S. Flow Characteristics of fractured rocks［M］. Moscow：Nedra，1966.

［8］ LOUIS C. A study of groundwater flow in jointed rock andits influence on the stability of rock masses［R］. Londo：Imperial College，1969.

［9］ BROWN S R. Fluid flow through rock joints：the effect of surface roughness［J］. Geophys Res，1987，92（B2）：1 337-1 347.

［10］ MANDELBROT B B. The fractal geometry of nature［M］. New York：W H Freeman，1983.

［11］ FARDIN N. Influence of structural non-stationarity of surface roughness on morphological characterization and mechanical deformation of rock joints［J］. Rock Mechanics and Rock Engineering，2008，41（2）：267-297.

［12］ BAR T N. Review of anew shear strength criterion for rock joints［J］. Engineering Geology，1973，7（4）：287-332.

［13］ BAR T N. Modelling rock joint behaviour from in situ block test simplications for nuclear waste repository design［R］. Columbus，OH：Office of Nuclear Waste Isolation，1982.

［14］ BAR N V. The shear strength of rock joints in theory and practice［J］. Rock Mechanics，1997，10（1/2）：1-54.

［15］ TSE R, CRDEN D M. Estimating joint roughness coefficients ［J］. Ieternational Journal of Rock Mechanics Mining Sciences Geomechanics Abstract, 1979, 16 (5)：303-307.

［16］ TURK N, DEARMAN W R. Investigation of some rock joint properties roughness angle determination and joint closure ［J］. On Fundamentals of Rock Joint, 1985：197-204.

［17］ 王岐. 用伸长率 R 确定岩石节理粗糙度系数的研究 ［J］. 地下工程经验交流会论文选集. 北京：地质出版社, 1986：343-348.

［18］ 熊祥斌, 张楚越, 王恩志. 岩石单裂隙稳态渗流研究进展 ［J］. 岩石力学与工程学报, 2009, 9 (98)：1 839-1 847.

［19］ 常宗旭, 赵阳升, 胡耀青, 等. 三维应力作用下单一裂缝渗流规律的理论与试验研究 ［J］. 岩石力学与工程学报, 2004, 23 (4)：620-624.

［20］ 曾亿山, 卢德唐, 曾清红, 等. 单裂隙流-固耦合渗流的试验研究 ［J］. 试验力学, 2005 (1)：10-16.

［21］ 刘才华, 陈从新, 付少兰, 等. 二维应力作用下岩石单裂隙渗流规律的实验研究 ［J］. 岩石力学与工程学, 2002, 21 (8)：1 194-1 198.

［22］ 刘继山. 单裂隙受法向应力作用时的渗流公式 ［J］. 水文地质工程地质, 1987, 3 (2)：32-34.

［23］ 刘继山. 结构面力学参数与水力参数耦合关系及其应用 ［J］. 水文地质工程地质, 1988, 3 (2)：7-12.

［24］ 孙广忠, 林文祝. 结构面闭合变形法则及岩体弹性本构方程 ［J］. 地质科学, 1983, 4 (2)：178-180.

［25］ MOLLIEET R B. The effect of anisotropic surface roughness on flow and transport in fractures ［J］. Geophys. Res., 1991, 96 (B13)：21 923-21 932.

［26］ MARECHAL J C, PERROCHE T P. Theoretical relation between water flow rate in avertical fracture and rock temperature in the surrounding masses ［J］. Earth Planet, 2001 (194)：213-219.

［27］ 乔丽苹, 刘建, 冯夏庭, 等. 砂岩水物理化学损伤机制研究 ［J］. 岩石力学与工程学报, 2007, 26 (10)：2 117-2 124.

［28］ 朱珍德, 郭海庆. 裂隙岩体水力学基础 ［M］. 北京：北科学出版社, 2007.

［29］ 赵阳升, 杨栋, 郑少河, 等. 三维应力作用下岩石裂缝水渗流物性规律的实验研究 ［J］. 中国科学, 1999, 29 (1)：82-86.

［30］ 段会玲. 渗流-应力耦合作用下岩石三维裂隙损伤扩展特性研究 ［D］. 青岛：山东科技大学, 2017.

［31］ 仵彦卿. 裂隙岩体应力与渗流规律研究 ［J］. 水文地质工程地质, 1995, 12 (2)：30-35.

［32］ HERMQVIST L. Characterization of the fracture system in hard rock for tunnel grouting

[J]. Tunnelling and Underground Space Technology, 2012, 30: 132-144.

[33] FAULKNER DR, JACKSON, LUNN, RJ, et al. A review of recent developments concerning the structure, mechanics and fluid flow properties of fault zones [J]. Structural Geology, 2010, 32: 1 557-1 575.

[34] TORABIA A, BERG SS. Scaling of fault attributes: a review [J]. Marine and Petroleum Geology, 2011, 28 (8): 1 444-1 460.

[35] EVANS MA, FISCHER MP. On the distribution of fluids in folds: a review of controlling factors and processes [J]. Journal of Structural Geology, 2012, 44: 2-24.

[36] 赵军. 裂隙岩体隧道渗流应力耦合机理与地下水限量排放研究 [D]. 重庆: 重庆交通大学, 2018.

[37] 李祖贻, 陈平. 裂隙岩体二维渗流计算 [J]. 水利水运科学研究, 1992: 189-194.

[38] JONES R O. A laboratory study of the effects of confining pressure on fracture flow and storage capacity in carbonate rocks [J]. J. Petrol. Technol., 1975: 21-27.

[39] 周维垣. 高等岩石力学 [M]. 北京: 中国水利水电出版社, 1986.

[40] 盛金昌, 速宝玉. 裂隙岩体渗流应力祸合研究综述 [J]. 岩土力学, 1998.

[41] DERSHOWITZ WS, Fidelibus C.. Derivation of equivalent pipe network analogues for three-dimensional discrete fracture networks by the boundary element method [J]. Water resource Research, 1999, 28 (3).

[42] ASAKURA T, KOJIMA Y. Tunnel maintenance in Japan [J]. Tunnelling and Underground Space Technology, 2003, 18 (2/3): 161-169.

[43] 李星绕. 隧道围岩渗流规律及防治措施 [D]. 邯郸: 河北工程大学, 2017.

[44] LAURENT E, MAHMOUD B, LASZLO K, et al. Numerical versus statistical modeling of natural response of a karst hrdrogeological system [J]. Journal of Hydrology, 1997, 202 (1-4): 244-262.

[45] 王高波. 岩溶隧道围岩稳定性及施工力学行为分析 [D]. 重庆: 重庆大学, 2011.

[46] 赵健. 歌乐山隧道岩溶富水区帷幕注浆堵水技术的研究 [D]. 成都: 西南交通大学, 2003.

[47] 黄勘. 裂隙岩体中隧道注浆加固理论研究及工程应用 [D]. 长沙: 中南大学, 2011.

[48] 杨新安, 黄宏伟. 隧道病害与防治 [M]. 上海: 同济大学出版社, 2003.

[49] 李广杰. 工程地质学 [M]. 长春: 吉林大学出版社, 2004: 143-144.

[50] 李治国. 隧道岩溶处理技术 [J]. 铁道过工程学报, 2002, 12: 61-67.

[51] 张延, 陈中. 隧道岩溶处理面面谈 [J]. 现代隧道技术, 2001, 38 (1): 60-64.

[52] 刘招伟, 张民庆, 王树仁. 岩溶隧道灾变预测与处治技术 [M]. 北京: 科学出版社, 2007.

［53］张家铭. 岩溶地区高速公路隧道溶洞处理［J］. 第二届全国岩土与工程学术大会学术论文集, 2006: 594-600.

［54］肖了林. 中梁山隧道右线溶洞处理［J］. 公路, 1994 (9): 47-48.

［55］陈大军. 浅谈岩溶地段隧道处理措施［J］. 隧道建设, 2001, 12: 8-12.

［56］李杰, 黄永红. 隧道施工中几种典型岩溶的处理［J］. 铁道建筑技术, 2002 (Z1): 52-54.

［57］庄金波, 谭成中. 圆梁山隧道深埋大型岩溶探测及处理技术［J］. 隧道建设, 2003, 23 (6): 38-40.

［58］张勇. 复杂岩溶隧道充填型溶洞综合处理技术［J］. 铁道建筑技术, 2007, 5: 30-32.

［59］中国公路学会隧道工程会. 2004 年岩溶地区隧道修筑技术专题研讨会论文集［C］. 北京: 人民交通出版社, 2004.

［60］支卫青. 公路隧道穿越大型溶洞处理方案的确定［J］. 现代隧道技术, 2006, 5: 70-73.

［61］葛正宏. 喀斯特地形、地貌常见大体积溶洞的处理和施工方法［J］. 工程建设, 2006, 38 (3): 42-45.

［62］陶赞旭. 云雾山富水岩溶隧道防排水施工［J］. 建筑, 2011 (4): 68-72.

［63］薛金海. 云雾山隧道超前地质预报应用及富水溶腔处理［J］. 中国高新技术企业, 2010 (19): 163-166.

［64］汶文钊. 宜万铁路云雾山隧道溶洞施工技术［J］. 铁路标准设计, 2010 (5): 87-90.

［65］翟小宁. 宜万铁路云雾山隧道穿越溶洞施工技术［J］. 铁路标准设计, 2007 (1): 147-151.

［66］EL TANI M. Circular tunnel in a semi-infinite aquifer［J］. Tunneling and Underground Space Technology, 2003, 18 (1): 49-55.

［67］MAIDMENT D M. Arc hydro: GIS for water resources［M］. Redlands: ESRI Press, 2002.

［68］LEI S. An analytical solution for steady flow into a tunnel［J］. Ground Water, 1999, 37 (1): 23 26.

［69］KOLYMBAS D, WAGNER P. Groundwater ingress to tunnel: the exaction analytical solution［J］. Tunneling and Underground Space Technology, 2007, 22 (1): 23-27.

［70］陈崇希, 林敏. 地下水动力学［M］. 武汉: 中国地质大学出版社, 1999.

［71］邵恒新. 降雨入渗条件下坡积土边坡稳定性分析及防护加固措施研究［D］. 广州: 华南理工大学, 2017.